Monographien zum Pflanzenschutz
Herausgegeben von Professor Dr. H. Morstatt · Berlin-Dahlem
7

Die Rübenfliege

Pegomyia hyoscyami Pz.

Von

Dr. H. Bremer und Dr. O. Kaufmann
Zweigstelle Aschersleben — Fliegende Station Heinrichau
der Biologischen Reichsanstalt für Land- und Forstwirtschaft

Mit 32 Abbildungen

Springer-Verlag Berlin Heidelberg GmbH
1931

ISBN 978-3-642-89087-1 ISBN 978-3-642-90943-6 (eBook)
DOI 10.1007/978-3-642-90943-6

Ursprünglich erschienen bei Julius Springer in Berlin
Softcover reprint of the hardcover 1st edition 1931

Vorwort.

Seit dem Beginn des 20. Jahrhunderts ist die Rübenfliege unstreitig in die Reihe der wichtigsten Schädlinge des Zuckerrübenbaues eingerückt. Langjährige Schäden im pommerschen und schlesischen Rübenbaugebiet veranlaßten die Biologische Reichsanstalt für Land- und Forstwirtschaft, durch die Verfasser Untersuchungen über dieses Insekt in zwei inmitten der Schadgebiete errichteten Fliegenden Stationen unter Leitung von Regierungsrat Professor Dr. Blunck aufzunehmen. Die ausführlichen Ergebnisse dieser Untersuchungen sind als Einzelmitteilungen in den „Arbeiten aus der Biologischen Reichsanstalt" veröffentlicht worden. Der Aufforderung des Herausgebers zur Abfassung einer abgerundeten und abgekürzten monographischen Darstellung sind wir gern nachgekommen. Wir haben uns derart in die Arbeit geteilt, daß Kaufmann außer der Anfertigung der Originalabbildungen den Entwurf der Kapitel Systematik und Morphologie, Natürliche Feinde und Bekämpfung, Bremer den der Kapitel Lebensgeschichte und Epidemiologie übernommen hat. Die endgültige Form ist durch gegenseitige Überarbeitung entstanden; sie wird hoffentlich geeignet sein, Praxis und Wissenschaft in übersichtlicher Weise in die hier vorliegenden Probleme einzuführen.

Aschersleben und Heinrichau, im August 1931.

Dr. H. Bremer. Dr. O. Kaufmann.

I. Systematik und Morphologie der Rübenfliege.

A. Historische Übersicht.

1. Die Synonyme.

Im Jahre 1737 beschrieb Réaumur (*132*) eine nicht näher benannte Fliegenlarve, die in den Blättern des Bilsenkrautes minierte. Sehr wahrscheinlich handelte es sich hierbei um Maden von *Pegomyia hyoscyami*. Die Imago wurde erst im Jahre 1809 entdeckt und beschrieben (*126*). Da die Fliege jedoch besonders in der Farbe sehr variabel ist und auf einer ganzen Anzahl von Pflanzenarten selbst verschiedener Familien lebt, ist sie unter den verschiedensten Namen in der Literatur erwähnt[1]. Zusammengedrängt ergibt sich folgende Übersicht von Synonymen:

1809 *Musca hyoscyami* Panz.: Fauna Germ. S. 108, Nr 13.
1825 *Musca conformis* Fall.: Musc. S. 82, Nr 5. ♀.
1826 *Anthomyia egens* Meig.: Syst. Beschr. Bd. 5, S. 181, Nr 169. ♀.
1826 *Anthomyia hyoscyami* Meig.: Syst. Beschr. Bd. 5, S. 182, Nr 171.
1826 *Anthomyia exilis* Meig.: Syst. Beschr. Bd. 5, S. 184, Nr 175. ♀.
1826 *Anthomyia conformis* Meig.: Syst. Beschr. Bd. 5, S. 180, Nr 167. ♀.
1845 *Anthomyza conformis* Zett.: Dipt. Scand. Bd. 4, S. 1704, Nr 77. ♀.
1846 *Anthomyza hyoscyami* Zett.: Dipt. Scand. S. 1791, Nr 176.
1847 *Anthomyza hyoscyami* ~~var~~ *betae* Curt.: Journ. Agr. Soc. Engl. Bd. 8, Teil 2, S. 412. ♂.
1848 *Anthomyza betae milis* Scholtz: Ent. Zeitschr. Breslau. Bd. 2, S. 10—11.
1849 *Anthomyia dissimilipes* Zett.: Dipt. Scand. Bd. 8, S. 3311, Nr 62—63. ♂.
1851 *Pegomyia Gouraldi* Rob.-Desv.: Guér.-Mén., Rev. et Mag. Zool., sér. 2. Bd. 3, S. 231, Nr 2.
1851 *Pegomyia atriplicis* Gour.: Ann. Soc. Ent. France, sér. 2. Bd. 9, S. 163.
1851 *Pegomyia atriplicia* Rob.-Desv.: Rev. et Mag. Zool., sér. 2. Bd. 3, S. 230, Nr 1.
1866 *Chortophila chenopodii* Rond.: Atti Soc. Milano. Bd. 9, S. 162, Nr 4.
1866 *Chortophila cunicularis* Rond.: Atti Soc. Milano. Bd. 9, S. 163, Nr 5. ♀.
1866 *Chortophila perforans* Rond.: Atti Soc. Milano. Bd. 9, S. 163, Nr 6. ♂.
1866 *Chortophila effodiens* Rond.: Atti Soc. Milano. Bd. 9, S. 163, Nr 8. ♀.
1866 *Chortophila hyoscyami* Rond.: Atti Soc. Milano. Bd. 9, S. 165, Nr 7.
1880/1881 *Anthomyia femoralis* Brischke: Schrift. Ges. Danzig. Bd. 5, S. 275. ♂.
1880 *Anthomyia spinaciae* Holmgr.: Entom. Tidskr. Bd. 1, S. 89.
1882 *Pegomyia vicina* Lint. nec Stein: New York Report. S. 208.
1883 *Pegomyia* Meade (*conformis*; *betae*; *haemorrhoum*): Entom. Monthly Mag. Bd. 20, S. 10—11.
1901 *Pegomyia haemorrhoa* Pand. nec Zett.: Rev. Entom. France. Bd. 20, S. 298, Nr 11.

[1] Listen von Synonymen siehe auch *13*, *38*, *58* und *80*.

2. Die Wirtspflanzen.

Nicht weniger umfangreich ist die Zahl der Wirtspflanzen, die der Rübenfliege bisher zugeschrieben wurden. Wir führen sie hier an, werden aber sehen, daß viele wohl kaum aufrecht zu erhalten sind.

	Chenopodiaceae.
Chenopodium album L. *Chenopodium murale* L.	Kaltenbach 1874[1], Brischke 1880, Rondani 1866.
Atriplex hortense L.	Goureau 1851, Robineau-Desvoidy 1851.
Atriplex patulum L.	Frost 1923.
Spinacia oleracea L.	Holmgren 1880, Meade 1887.
Beta trigyna *Beta vulgaris* L. (var. *rubra*; *altissima* Rossig; *esculenta* Gurke) *Beta vulgaris* var. *hybrida* (*Beta Cicla* L.)	Curtis 1847, Scholtz 1848, Nördlinger 1855, Kaltenbach 1874, Holmgren 1878, Frost 1923.
Amarantus retroflexus L.	Chittenden 1911, Cory 1916.
	Solanaceae.
Hyoscyamus niger L.	Panzer 1809, Rondani 1866.
Atropa Belladonna L.	Rondani 1877, Chevrel 1892.
Datura stramonium L.	Wassiliew 1915, Hering 1920.
Solanum dulcamara L.	Imms 1915.
	Caryophyllaceae.
Silene vulgaris Garcke = *Silene inflata* Smith	Hering 1924, Suire 1926.
Stellaria media (L.) Cyrillo	Brischke 1881.
Silene spec.	Wassiliew 1915.
Silene maritima With.	Collin (in lit.).
	Polygonaceae.
Polygonum Persicaria L. *Polygonum amphibium* L.	Brischke 1881.
	Compositae.
Sonchus spec.	Leaflet Nr 5. Board of Agriculture 1898 (1901).
Sonchus arvensis L.	Collinge 1912.
Sonchus oleraceus L.	Robineau-Desvoidy 1830.
Solidago Virga aurea L.	Linnaniemi 1913.
Arctium Lappa L.	Lintner 1882. ? *Peg. genupuncta* Stein (nach Hendel 1923).
Onopordon Acanthium L.	Wassiliew 1915.
Carduus spec. *Taraxacum officinale* Web.	Whitehead 1893. Leaflet Nr 5. Board of Agriculture 1898 (1901).
	Rosaceae.
Spiraea spec.	Wassiliew 1915.

[1] Als Quellenangaben sind in erster Linie die Autoren genannt, die das Vorkommen der Fliege an den betreffenden Pflanzen zuerst erwähnen. Soweit sie nicht schon auf S. 1 genannt sind, siehe *41, 44, 46, 47, 71, 72, 73, 78, 82, 86, 107, 111, 121, 124, 136, 139, 153, 162, 180, 183.*

Sehr unwahrscheinlich, weil nur ein einziges Mal angegeben, ist zunächst das Vorkommen von *Peg. hyoscyami* an Rosaceen. WASSILIEW will sie 1915 aus *Spiraea* spec. gezogen haben (*177*). Nähere Angaben sind in dem uns nur allein zugänglichen Referat nicht enthalten.

Ebenfalls lediglich auf WASSILIEW (*180*) geht die Angabe zurück, daß *Onopordon Acanthium* Wirtspflanze der Rübenfliege ist. Auch hier fehlen nähere Angaben. Aber noch weitere Compositen werden genannt und zwar Vertreter aus den Gattungen *Sonchus*, *Solidago*, *Arctium*, *Taraxacum* und *Carduus*. Für *Solidago* hat schon LINNANIEMI (*111*), auf den dieser Fund zurückgeht, Zweifel ausgesprochen. Bei *Arctium Lappa* liegt vielleicht eine Verwechselung mit der sehr ähnlichen *Pegomyia genupuncta* STEIN vor, die in dieser Pflanze miniert[1]. Für die übrigen aufgeführten Gattungen dieser Familie fehlen Anhaltspunkte darüber, ob und womit eine Verwechselung der erhaltenen Fliegen stattgefunden hat. Es bleibt aber trotzdem sehr unwahrscheinlich, daß *Peg. hyoscyami* in diesen Pflanzen vorkommt. Dieser Ansicht ist auch FROST (*58*, S. 112).

Einer Nachprüfung bedarf weiterhin das Vorkommen der Rübenfliegenlarven in Polygonaceen und zwar in *Polygonum Persicaria* und *amphibium* (*36*). Bei der weiten geographischen Verbreitung und dem massenhaften Vorkommen des Schädlings und der Pflanzen wäre die von BRISCHKE im Jahre 1872 gemachte Feststellung gewiß schon einmal von anderer Seite bestätigt worden, wenn ihr keine Verwechselung zugrunde läge[2].

Hiernach halten wir keinen Fund, der sich auf Vertreter der drei zuletzt genannten Pflanzenfamilien bezieht, für genügend gesichert, und glauben uns daher berechtigt, diese Pflanzengruppen von unseren weiteren Untersuchungen über die Systematik und Morphologie von *Peg. hyoscyami* von vornherein auszuschließen.

Selbst bei Beschränkung auf die zuerst genannten drei Familien ist die Wirtspflanzenliste von *Peg. hyoscyami* noch so groß und aus so verschiedenartigen Gliedern zusammengesetzt, daß die Frage berechtigt erscheint, ob es sich tatsächlich in allen Fällen um ein und dieselbe Insektenart handelt, oder ob hier verschiedene Arten bzw. Rassen vorliegen. Zur Lösung dieser Frage können Beobachtungen über Unterschiede in Befallsstärke und Belegungszeit an den verschiedenen Wirtspflanzen sowie Zucht- und Kreuzungsversuche dienen. Die Ergebnisse derartiger Beobachtungen und Versuche sind im folgenden zusammengestellt.

---

[1] Siehe auch *71*, *74* und *120*.

[2] An *Polygonum aviculare* L. wurden von uns gelegentlich Eier gefunden, die wir auf *Peg. hyoscyami* beziehen möchten. Larven konnten aus solchen oder künstlich von Rübe übertragenen Eiern an der Pflanze nicht am Leben erhalten werden. Auch in der Zimmerzucht wurde *P. aviculare* von Rübenfliegen nicht angenommen.

B. Biologische Unterlagen für die Systematik der Rübenfliege.

1. Die Befallsstärke und Belegungszeit bei den verschiedenen Wirtspflanzen.

Für den Vergleich des Befalls der verschiedenen Pflanzenarten dürfen wir auf Grund aller bisher gemachten Erfahrungen zunächst unterstellen, daß unter den Chenopodiaceen die verschiedenen *Beta*-Formen wie Zuckerrübe, Futterrübe, Rote Rübe und Mangold von derselben Rasse der Art *Peg. hyoscyami* befallen werden. So wechseln Beginn und Stärke des Befalls bei allen *Beta*-Arten in den verschiedenen Generationen und Jahren desselben Gebietes unter dem Einfluß von Außenbedingungen in gleicher Weise: Samenrüben sowie zeitig bestellte Rübenfelder werden im Frühjahr am ehesten und auch am stärksten befallen; im übrigen die Schläge ziemlich ihrem „Alter" nach. Der einmal festgelegte Rhythmus bleibt während des ganzen Jahres weitgehend bestehen. Da Futterrüben, Rote Rüben und Mangold meistens später in den Boden kommen als Zuckerrüben, werden sie schon aus diesem Grunde fast immer schwächer und später belegt als diese. Weitere Befallsunterschiede an den verschiedenen *Beta*-Arten können zwanglos durch die Vorliebe der Fliegen für bestimmte Feldlage, Bestandesdichte und Größe sowie Beschaffenheit der einzelnen Pflanze (vgl. 4. Kap.), also immer durch Verschiedenheit von Außeneinflüssen erklärt werden.

Die Befallserscheinungen bei *Spinat*, der als Chenopodiacee den verschiedenen Formen von *Beta* verwandtschaftlich und auch im Habitus recht nahe steht, lassen diesen Gesichtspunkt schon nicht mehr ohne weiteres zu. In Nordeuropa, wo Zuckerrüben nicht mehr gebaut werden, ist *Peg. hyoscyami* neben Futterrübe, Roter Rübe und Mangold als Schädling von Spinat weit verbreitet. Für Finnland liegen Angaben in dieser Richtung vor (*81*), und für Schweden berichtet Holmgren (*78*) ausdrücklich, daß Spinat stärker belegt worden sei als Rübe (s. auch *96*, *166*). In Amerika wird der Spinat in manchen Distrikten mindestens gleich stark befallen wie die Rübe. Zum Beispiel nennt Chittenden (*43*) ihn unter den Hauptwirtspflanzen an erster Stelle und schlägt sogar vor, ihn als Fangpflanze zu benutzen. In gewissem Gegensatz dazu stehen eine Reihe in Deutschland gemachter Beobachtungen. Baunacke (*4*) stellte fest, daß 1918 der Spinat stark befallen war, 1919 und 1920 dagegen äußerst schwach. 1925 muß die Fliege an Spinat vielerorts wieder sehr stark aufgetreten sein, z. B. im Stettiner Bezirk (*165* und Kleine in lit.). Plantz (*127*) gibt sogar an, daß in Dresden der Verkauf von Spinat wegen zu starken Madenbefalls durch die Gesundheitspolizei beanstandet wurde. Während der letzten Rübenfliegenkalamität in Schlesien war der Befall ebenfalls wechselnd. Die Marktware war in der Regel nur schwach mit Eiern oder Maden besetzt. Andererseits sind manche Felder so stark befallen gewesen, daß sie umgebrochen werden mußten. Im großen und ganzen war hier jedoch zu beobachten, daß mit der Zu- und Abnahme des Befalls der Rüben auch der Schaden am Spinat entsprechend schwankte. Ausnahmen waren vorhanden. Es ist aber zu bedenken, daß die Aussaatzeit, sowie die Lage und Größe der Flächen natürlich auch hier von ausschlaggebender Bedeutung ist. So konnte z. B. in den Jahren 1928 und 1929 beobachtet werden, daß selbst kleine Beete Spinat im Frühjahr ziemlich stark befallen waren, die Pflanzen aber bei Sommeraussaat in feldmäßigem Anbau infolge der Bodenständigkeit der Fliegen nur sehr schwach belegt blieben. Umgekehrt wird Samenspinat oft schwer befallen, weil infolge der längeren Lebensdauer der Pflanzen die Fliegen während der zweiten Flugzeit schon als Nachkömmlinge der ersten an Ort und Stelle vorhanden sind.

Etwas klarer liegen die Verhältnisse bei den wildwachsenden Chenopodiaceen. Unter ihnen verdienen vor allem die häufigeren und auch am meisten von der Rübenfliege bewohnten „Melden"-Arten *Chenopodium album* und *Atriplex hortense* schon deshalb hier unsere erhöhte Aufmerksamkeit, weil sie als lästige Unkräuter überall und auch inmitten der Rübenschläge vorkommen und vielleicht, ähnlich wie dies nach Dyckerhoff (*51*) bei der Rübenwanze *Piesma quadrata* der Fall ist, als Stammpflanzen von *Pegomyia hyoscyami* anzusehen sind. Nach unseren Beobachtungen sind die Melden besonders an für sie günstigen Stellen in der Regel eher aufgelaufen als selbst die zeitig gesäten Zuckerrüben, so daß diese Unkräuter zu Beginn der ersten Flugzeit vielfach mehr Blattmasse aufzuweisen haben als die Kulturpflanzen. Trotzdem wurde fast immer *Beta* von der Rübenfliege vorgezogen, und die Eiablage an *Chenopodium* und *Atriplex* setzte meistens erst einige Tage später und auch dann nur zögernd ein. Während der zweiten und dritten Flugzeit vergrößerten sich diese Unterschiede in der Regel noch ganz erheblich. Wo stärkerer Rübenbau in der Nähe fehlt, scheint es allerdings auch zu einem Massenbefall der Melden kommen zu können. So teilt Blunck (in dienstlichen Berichten) mit, daß im Frühjahr 1929 die Strand-Chenopodiaceen an der Kieler Förde stark belegt waren[1]. Im eigentlichen Rübenbaugebiet kann man andererseits während der zweiten und dritten Flugzeit ganze Melderasen finden, auf denen kaum eine Pflanze mit Eiern besetzt ist[2]. Kleine (*100*), der die letzte Rübenfliegenepidemie in Pommern beobachtete, glaubt, daß die Eiablage an Melde besonders in zeitigen Frühjahren stark ist.

In Japan zog Dr. Abiko (*32*) auf der Insel Hokkaido die Rübenfliege aus *Chenopodium album* und stellte fest, daß sie dort an Rübe praktisch nicht vor-

[1] 1930 ergab sich dasselbe Bild: Unbefallene Pflanzen waren kaum vorhanden, die Mehrzahl litt stark unter Madenfraß.

[2] Vgl. *87*, S. 486 und *88*, S. 506.

kommt. Einige uns übersandte Imagines waren mit den von uns aus *Chenopodium* gezogenen Exemplaren artidentisch.

In seiner Arbeit aus dem Jahre 1923 sagt KLEINE übrigens (S. 13): „Die Chenopodiaceen, soweit sie in unseren Florengebieten vorkommen, können alle befallen werden.“ Wenn dies sicher auch etwas zu summarisch ausgedrückt ist, steht andererseits doch fest, daß von den vielen *Chenopodium*- und *Atriplex*-Arten eine ganze Anzahl, wenn auch in deutlichen Abstufungen, belegt werden.

Über das Vorkommen der Fliege an Amarantaceen, die wir hier als Unterfamilie der Chenopodiaceen auffassen [1], liegen nur Angaben von CHITTENDEN (*44*) und CORY (*47*) bezüglich *A. retroflexus* vor. Da über den Zeitpunkt und die Stärke der Belegung nichts mitgeteilt wird, kann wohl angenommen werden, daß es sich nur um vereinzelte Pflanzen gehandelt hat [2].

Die Solanaceen stellen, soweit bisher bekannt, vier Wirtspflanzenarten für die Rübenfliege. Dem Bilsenkraut, *Hyoscyamus niger*, hat die Fliege ihren wissenschaftlichen Artnamen zu verdanken. Sie scheint auch die einzige Pflanze aus dieser Familie zu sein, die stärker befallen wird. Über Befall von Bilsenkraut-Parzellen berichtet z. B. VAN EMDEN [3] aus dem Jahre 1924. Stark ist in diesem Falle die Belegung bzw. der Schaden allerdings nicht gewesen, aber von Bedeutung ist für uns die Bemerkung, daß Stechapfel ebenfalls, wenn auch nur spärlich, befallen war, Tollkirsche dagegen unbelegt blieb. Auch nach Angaben von CAMERON (*38*) über Beobachtungen in Dartford (Grafschaft Kent, England) wurde bei gleichzeitigem Anbau von Bilsenkraut und Tollkirsche nur das erstere angegriffen und Schaden bis zu 80% hervorgerufen, obwohl beide Pflanzenarten nicht weit voneinander entfernt standen. Tollkirsche fand er nur belegt, wenn Bilsenkraut nicht in der Nähe war.

Nach unseren Beobachtungen wurde Bilsenkraut in den einzelnen Jahren sehr verschieden stark befallen. Während es 1925 und 1926, besonders aber 1930, nicht eben schwierig war, Eier und Larven an dieser Pflanze im schlesischen Beobachtungsgebiet zu finden, wurde von uns in den Jahren 1927—1929 vergeblich danach gesucht. Soweit wir feststellen konnten, wurde Bilsenkraut immer später als Rübe und vornehmlich in den Monaten Juni bis August belegt. Nicht selten konnten an *Hyoscyamus* auch Eier und Larven zu einer Zeit gefunden werden, wo

---

[1] Nach WÜNSCHE-ABROMEIT.

[2] CORY hat die Fliegen auch aus *Chenopodium album* gezogen und zusammen mit GAHAN und KNAB die ganze Serie verglichen. Dabei wurden keine Unterschiede gefunden, die eine Trennung nach Arten oder Varietäten gerechtfertigt hätten. Von den aus *Chenopodium album* erhaltenen Exemplaren haben dann noch einige VILLENEUVE zur Nachbestimmung vorgelegen und wurden von diesem ebenfalls als *Pegomyia hyoscyami* angesprochen.

[3] In dem Jahresbericht der Firma Caesar und Loretz A.-G. Halle für das Jahr 1925.

man an Rübe oder anderen Chenopodiaceen vergeblich suchte, obwohl diese kurz vorher starken Befall aufgewiesen hatten.

RONDANI (*139*) fand 1877 in *Atropa Belladonna* die zweite Solanacee als Wirtspflanze. Auch späterhin ist aus der Tollkirsche die Fliege verschiedentlich wieder erzogen worden. Über die Stärke und den Zeitpunkt der Belegung dieser Pflanze gibt die Literatur leider keine Auskunft. Uns ist ein Befall von Tollkirsche nie zu Gesicht gekommen.

Erst in neuerer Zeit wurde die Entdeckung gemacht (*180*), daß *Peg. hyoscyami* auch den Stechapfel (*Datura stramonium*) bewohnt. Diese Feststellung konnte dann 5 Jahre später durch HERING (*72*) bestätigt werden. Die wenigen von uns in freier Natur gefundenen Pflanzen erwiesen sich als nicht befallen.

Als letzte Solanacee wird endlich *Solanum Dulcamara* als Wirtspflanze der Rübenfliege genannt. Hierüber liegt nur eine einzige kurze Notiz und zwar von IMMS aus dem Jahre 1915 vor (*82*). Eine Bestätigung dieses Fundes wäre sehr erwünscht.

Der erste Vermerk, daß auch Caryophyllaceen von *Peg. hyoscyami* als Wirtspflanze aufgesucht werden, befindet sich bei WASSILIEW (*180*). Die Pflanzenart ist von dem Autor allerdings nicht genannt.

1924 stellte HERING (*73*) in Neu-Moldava (Banat) starken Minierfraß einer Anthomyide an *Silene vulgaris* fest. Auf Grund geringer Unterschiede der larvalen Mundhaken beschrieb er den Fund als *Peg. hyoscyami* ssp. *silenes.*

Aus *Silene inflata* (synonym *S. vulgaris* GARCKE) erhielt SUIRE (*162*) eine Fliege, von der er ausdrücklich betont, daß sie wieder Eier an *S. inflata* ablegte, nicht aber an *Beta* oder *Chenopodium*. Mit anderen, aus Spinat gezogenen Exemplaren, spricht er sie als *Peg. hyoscyami* var. *nigricornis* STROBL an, eine auch von SÉGUY (*152, 160*) erwähnte Unterart, die sich durch schwarze Antennen und Taster auszeichnen soll, über die aber auch wohl das letzte Wort noch nicht gesprochen ist. *Silene vulgaris* wurde von uns in den Jahren 1928 und 1929 besonders während der Flugzeiten der Rübenfliege wiederholt überprüft. Obwohl die Pflanzen häufig in größeren Beständen die Hänge und Wegränder auch in unmittelbarer Nähe von stark befallenen Rübenschlägen bedeckten, wurden dennoch nicht ein einziges Mal Eier oder Minen von *Peg. hyoscyami* gefunden.

Von Herrn COLLIN, Newmarket, erhielten wir einige als *Peg. hyoscyami* bezeichnete Fliegen, die aus *Silene maritima* gezogen waren. Wir haben diese Exemplare in unsere Vergleiche einbezogen und werden an anderer Stelle auf sie zurückkommen.

Nach BRISCHKE (*36*) wird unter den Caryophyllaceen noch *Stellaria media* von der Rübenfliege als Nahrungspflanze angenommen. Eine Bestätigung hat dieser Befund bisher von keiner Seite erfahren, und auch hier scheint es nicht ausgeschlossen, daß ein Irrtum vorgelegen hat.

Als Gesamtergebnis der hier vermerkten Beobachtungen finden wir Vorkommen der Fliege auf einer großen Zahl verschiedener Chenopodiaceenarten mit deutlicher Bevorzugung von *Beta*, bisweilen von Spinat, auf vier verschiedenen Solanaceen mit Bevorzugung von *Hyoscyamus niger* und, unter Vorbehalt weiterer Bestätigung, auf einigen Caryophyllaceen. Die Auswertung dieser Beobachtungen bezüglich des Artproblems von *Pegomyia hyoscyami* ist nur durch Zuchtversuche möglich, deren bisherige Ergebnisse im folgenden mitgeteilt sind.

2. Ergebnisse von Zuchtversuchen.

a) Zuchtversuche mit je einer Wirtspflanzenart. Es gelingt in der Regel, die Rübenfliegen im Laboratorium an der Pflanzenart zur Eiablage zu bringen, aus der sie gezogen sind. Für diesen Zweck eigneten sich am besten 10 cm weite, oben mit Gaze verschlossene Hohlzylinder, die über die eingetopften Pflanzen gestülpt wurden (Abb. 1). Als Nahrung genügt Darreichung von Zuckerwasser.

Cameron (*38*) hat als erster Übertragungsversuche mit *Peg. hyoscyami* von einer Wirtspflanzenart auf die andere durchgeführt. Er zog Fliegen aus Tollkirsche und bot ihnen im Käfig Mangold an. Sowohl dieser als auch der umgekehrte Weg führte bei ihm zu keinem Ergebnis. Suire (*162*) arbeitete mit Fliegen aus *Silene inflata*. Brachte er dieselbe Pflanzenart in den Zuchtraum, so wurden Eier abgelegt; *Beta*- und *Chenopodium*-Arten wurden dagegen nicht angenommen.

In entsprechenden Versuchen der Verfasser wurden zunächst Fliegen aus Zuckerrübe verschiedene Meldegewächse angeboten.

Da die Zuchten in der Mehrzahl positiv verliefen und sich auch die Eier und Larven normal entwickelten, kann hieraus auf eine Übereinstimmung besonders der an *Beta*, *Atriplex* und *Chenopodium* lebenden *Pegomyia* geschlossen werden.

Entsprechende Versuche wurden mit Spinat und Mangold ausgeführt. Auch sie glückten in den meisten Fällen.

Dagegen gelang es in drei Übertragungsversuchen von Zuckerrüben auf *Amarantus retroflexus* L. bzw. *Amarantus blitum* L. zwar, die Fliegen zu reichlicher Eiablage zu veranlassen, die Larven starben in den Amarantaceenblättern jedoch sämtlich nach 1—2 Tagen ab. Die an Zuckerrüben brütenden Fliegen können demnach an *Amarantus-Arten* anscheinend nicht oder nur unter bisher unbekannten Bedingungen aufwachsen.

Eine weitere Serie von Zuchten wurde mit Bilsenkraut durchgeführt. Der Totenfall wurde jeweils durch neue Fliegen aus *Beta* ersetzt. 47 Kulturen ergaben folgendes Bild:

In 40 Kulturen wurden keine Eier abgelegt.

In 3 Kulturen wurden 36 bzw. 6 bzw. 22 Eier ans Glas des Kulturzylinders abgelegt.

In 2 Kulturen wurden 5 bzw. 2 Eier an die Pflanze abgelegt, die sich nicht entwickelten.

In 1 Kultur wurden 11 Eier an die Pflanze abgelegt, von denen sich 2 entwickelten. Die Larven starben im 1. Stadium.

In 1 Kultur wurden 3 Eier an die Pflanze und 5 an das Glas abgelegt. Die Larven starben im 1. Stadium.

Je zwei Zuchten, bei denen die Fliegen aus Melde oder Spinat erbrütet waren, ergaben keine Eiablage. In einer anderen, bei der *Pegomyia* aus *Chenopodium* spec. stammte, wurden zwei Eier an die Pflanze abgelegt, die unentwickelt blieben. Etwas günstiger fielen Zuchten aus, in denen den Fliegen *Datura stramonium* als Brutpflanze angeboten wurde. In 8 von 22 Versuchen konnte Eiablage erzielt werden, davon einmal nur ans Glas, viermal an Glas und Pflanze. In drei Fällen erreichten Larven das zweite Stadium, starben dann aber, zum Teil kurz vor der letzten Häutung, oder verließen die Pflanze.

Abb. 1. Zylinder für Rübenfliegenzuchten im Laboratorium. Etwa $^1/_4$ nat. Größe.

Vergleicht man diese Ergebnisse mit den bei Übertragung der Fliegen von Rübe auf andere Gänsefußgewächse erzielten, so wird ohne weiteres klar, daß zum mindesten biologische Unterschiede zwischen der an Chenopodiaceen und der an Solanaceen lebenden Rübenfliege bestehen müssen.

b) Zuchtversuche mit je zwei oder mehreren Wirtspflanzenarten. Der bisher gewonnene Eindruck, daß die an Zuckerrübe lebende *Pegomyia* ohne weiteres auch an den übrigen als Wirtspflanzen bekannten Chenopodiaceen (mit Ausnahme der Amarantaceen) zu brüten vermag, dagegen nicht oder nur sehr bedingt an Solanaceen, wird verstärkt durch Versuche, in denen den Fliegen gleichzeitig zwei oder mehrere Pflanzenarten angeboten wurden. Aus ihnen und aus den oben mitgeteilten Ergebnissen geht ebenfalls hervor, daß für die aus *Beta* gezogene *Peg. hyoscyami* bei der Wahl ihrer Wirtspflanzen ein wesentlicher Unterschied zwischen den Chenopodiaceen und Solanaceen besteht. Bilsenkraut wurde bei gleichzeitiger Anwesenheit von Chenopodiaceen zwar zweimal belegt, in beiden Fällen starben aber die Larven im ersten Stadium ab, zwei unter ihnen freilich erst nach 13tägiger Fraßzeit.

c) Künstliche Übertragung der Eier und Larven auf nicht von der Fliege selbst gewählte Pflanzenarten. Für künstliche Aufzucht von Larven genügt es, den Tieren die Nahrung in der Petrischale anzubieten, da sich die Blätter hierin auf feuchtem Fließpapier genügend lange turgeszent halten und leicht ausgewechselt werden können.

Überträgt man Larven im zweiten oder dritten Stadium von Rübe auf Rübe, so bohren sie sich alsbald in die Blätter ein, und bei einiger Aufmerksamkeit entstehen kaum Verluste. Maden aus *Beta* nehmen *Atriplex*- und *Chenopodium*-Arten zwar zum Teil etwas zögernd an und ziehen gleichzeitig vorhandene Rübenblätter vor; trotzdem gelingt es aber in der Regel, die Mehrzahl auch an „Melden" bis zur Puppe bzw. Fliege durchzuziehen.

Wie wir schon erwarten dürfen, zeigen die Larven aus *Beta* gegenüber Bilsenkrautblättern ein merklich anderes Verhalten. Von den Altstadien nehmen immer nur einige die Nahrung zögernd an und wechseln auch dann noch die Minen außergewöhnlich oft. Die übrigen gehen eine Notverpuppung ein, nachdem sie meistens lange umhergewandert sind. Immerhin gelingt es bei guter Pflege der Maden, einen gewissen Prozentsatz auch bis zur Fliege durchzuziehen.

Besseren Aufschluß geben Versuche, bei denen Eier der Rübenfliege von Chenopodiaceen auf Solanaceen mit Hilfe von Wasser oder Speichel übertragen wurden, da in diesem Falle die gesamte Larvenentwicklung bei ausschließlicher Ernährung mit der „fremden" Wirtspflanze durchlaufen werden muß. Für diese Versuche eignen sich am besten ältere, voll ergrünte Pflanzen. Steht kein besonderer Zuchtraum zur Verfügung, der für die Umgebung der Pflanze einen genügend hohen Feuchtigkeitsgehalt der Luft garantiert, so kommt man auch zu guten Resultaten, wenn man die Eier auf Blattstücke überträgt und diese in einer feucht gehaltenen Glasschale aufbewahrt und nach Bedarf erneuert. Beide Wege führten zur Erzielung normaler Puparien und Fliegen. Der Ausfall durch Absterben der Larven war relativ gering, wenn als Nährpflanze Rübe diente und die Eier von Bilsenkraut stammten. Dagegen konnten im Durchschnitt nur etwa 10% Eier bis zur Puppe durchgezogen werden, wenn die Übertragung von Rübe auf Stechapfel oder Bilsenkraut vorgenommen wurde. Diese Versuche zeigen, daß eine enge Verwandtschaft zwischen den an Chenopodiaceen und Solanaceen brütenden Fliegen bestehen muß[1].

[1] Bei Übertragung der Eier von Bilsenkraut auf Tollkirsche konnten normale Larven und Fliegen erzielt werden, dagegen ist es bisher nicht gelungen, im Freiland an Rübe abgelegte und auf *Atropa Belladonna* übertragene Eier über das Junglarvenstadium hinaus am Leben zu erhalten.

d) Kreuzungsversuche mit Rübenfliegen verschiedener Herkunft. Für Kreuzungsversuche wurden nur unbegattete Weibchen ausgewählt und, soweit möglich, jüngere Männchen. Von 20 Versuchen, bei denen die Partner aus Zuckerrübe, Spinat oder Rote-Rübe stammten, führten 12 zu Eiablage an Rübe oder Mangold. In fast allen Fällen entwickelten sich Larven, die zum Teil bis zur Fliege durchgezogen wurden. Sofern eines der Elterntiere aus Bilsenkraut stammte, wurde entweder keine Eiablage erzielt oder die Eier waren taub. Nur in einer Zucht wurden Larven erhalten, von denen zwei bis zur Puppe durchgezogen werden konnten. Fliegen ergaben diese Puparien allerdings nicht.

Im ganzen festigen diese Versuche den Eindruck, daß die aus Chenopodiaceen gezogenen Fliegen einander wesentlich näher stehen als diese der Solanaceenform. Eine weitere Generation wurde mit den aus den Kreuzungen hervorgegangenen Imagines nicht erhalten; jedoch kann die Fruchtbarkeit dieser Nachkommen von nicht artfremden Eltern als wahrscheinlich angesehen werden.

e) Ergebnisse von Parasitenzuchten aus Rübenfliegenpuppen verschiedener Herkunft. Bei den bisher bekannt gewordenen[1] Larven- und Puppenparasiten von *Peg. hyoscyami* handelt es sich vorwiegend um monophage oder doch in ihrer Wirtswahl stark spezialisierte Arten. Wir können daher erwarten, daß uns die Parasitengarnituren von Rübenfliegenpuppen aus verschiedenen Wirtspflanzenarten, sofern sie annähernd gleichzeitig und innerhalb eines sehr eng begrenzten Gebietes[2] eingetragen sind, weiteren Aufschluß über die verwandtschaftlichen Beziehungen der in den verschiedenen Wirtspflanzen vorkommenden *Pegomyia*-„Arten" geben. Unsere Zuchten, die diesen Bedingungen entsprechen, beziehen sich auf Zuckerrübe, Futterrübe, Rote Rübe, Melde, Spinat, Mangold und Bilsenkraut. In keinem Falle wichen die Ergebnisse in der Höhe der Parasitierung wesentlich voneinander ab. Auch wurden aus Puppen von Melden, Spinat, Mangold und Bilsenkraut von uns nie Parasiten erhalten, die nicht schon aus Zuchten von Puppen der an Rübe lebenden Fliege bekannt waren.

C. Morphologie der Rübenfliege.

1. Die Morphologie der Beta-Form der Rübenfliege und ihrer Entwicklungsstadien.

Ehe wir den letzten Weg zur Klärung der Art- und Rassengleichheit, den morphologischen Vergleich der aus verschiedenen Wirtspflanzenarten gezogenen Imagines, beschreiten, mag es angebracht erscheinen,

[1] Vgl. den Abschnitt über die natürlichen Feinde der Rübenfliege.

[2] In größeren Gebieten schwanken Art und Zahl der einzelnen Parasiten oft sehr (vgl. *90* und S. 54ff.).

die Beschreibung von *Pegomyia hyoscyami* und ihrer Entwicklungsstadien vorauszuschicken. Wir wählen für diesen Zweck die an Zuckerrübe lebende Form, da sie die wichtigste und häufigste ist.

a) Das Ei. Die Literaturangaben über die Größe der Eier von *Peg. hyoscyami* (siehe Abb. 2) schwanken nicht unerheblich. Danach soll die Länge 0,5 (*56*) bis 0,87 mm (*38*), die Breite 0,2—0,31 mm betragen (*83, 96*), wenn man von zwei Autoren absieht, bei denen offenbar irrtümliche Angaben stehen (*100, 166*). Nach eigenen Untersuchungen war das kleinste Ei 0,6 mm lang und 0,25 mm breit und das größte 0,84 × 0,29 mm. Auffallenderweise reicht also selbst das Exemplar maximaler Größe nicht an das angegebene Höchstmaß heran.

Die Gestalt eines Rübenfliegeneies (Abb. 2) gleicht in der Aufsicht einer flachen Ellipse, die an einem Pol etwas stärker abgerundet ist [1]. Sofern mehrere Eier nebeneinander abgelegt werden, schmiegen sie sich oft der Länge nach so eng aneinander, daß die zugekehrten Seiten seitlich zusammengedrückt werden. Diese Abflachung ist auf der Unterseite der Eier immer vorhanden, die sich dadurch der Fläche des Blattes anpaßt.

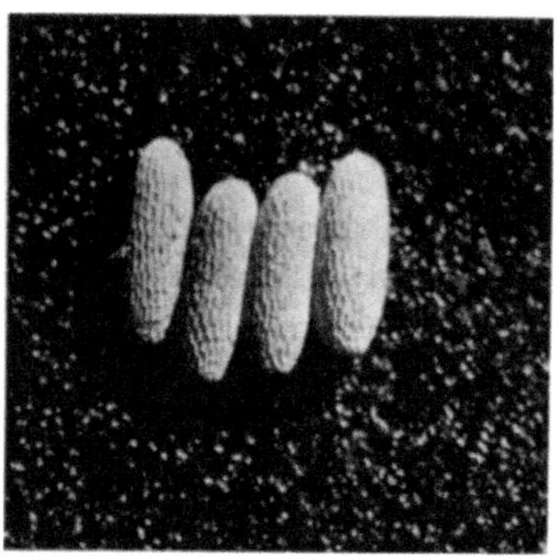

Abb. 2. Eigelege der Rübenfliege. Vergr. etwa 25fach. (Nach KEMNER.)

Typisch, und noch gerade mit bloßem Auge zu erkennen, ist die Oberflächenstruktur der Eihaut. Sie stellt ein in die Länge gezogenes, vornehmlich aus hexagonalen Flächen bestehendes Maschenwerk dar, das aus erhabenen Leisten gebildet wird. Es fehlt an der Unterseite des Eies, soweit dieses dem Blatt anliegt, oder ist hier jedenfalls auch bei vorsichtig abgelösten Eiern nicht mehr zu erkennen, da die Verbindung der Eihaut mit dem von der Fliege ausgeschiedenen Haftsekret sehr innig ist.

Die Farbe der Eier ist fast immer hell, kalk- oder kreideweiß. Sie ändert sich auch bei älteren, kurz vor dem Schlüpfen der Larven stehenden kaum. Höchstens tritt eine ganz leichte schmutzig graugelbe Färbung auf, die dann bei den schon verlassenen Hüllen noch deutlicher wird. Gelegentlich findet man Eier, die auch in frischem Zustande ins Gelbe übergehen, und vereinzelt solche, die ausgesprochen hellockergelb sind. Aus ihnen können sich Larven und weiterhin normale Rübenfliegen entwickeln.

[1] Vgl. unter anderem die Beschreibung der Eier bei *58, 96* und *100*. Gute Abbildungen auch bei SIRRINE *153*.

b) Die Larve. Während fast alle Autoren, die sich mit der Rübenfliege befaßt haben, für deren Larve drei verschiedene Stadien angeben, spricht CARPENTER (*40*) von fünf und CAMERON (*38*) von vier. Wir möchten annehmen, daß hier ein Versehen vorliegt. Ersterer hatte sein Untersuchungsmaterial aus Mangold entnommen und CAMERON aus „belladonna" (*Atropa belladonna*). Wir werden sehen, daß allein auf Grund von Größenmessungen an Larven eine Trennung nach Stadien kaum möglich ist, sondern daß hierfür in erster Linie die verschiedene Gestalt und Länge des chitinösen, in seiner Größe für jedes Stadium annähernd konstanten Mundhakensystems heranzuziehen ist. Bevor ein Stadium in das nächste übergeht, werden die neuen Mundhaken schon oberhalb bzw. außerhalb der alten angelegt, um nach der Häutung sofort in Funktion treten zu können. Auf diese Weise entsteht sehr leicht die Möglichkeit von Verwechselungen, und es kann bisweilen auch wohl ein viertes Stadium vorgetäuscht werden.

Die Gestalt der Larven ist in allen drei Stadien im wesentlichen dieselbe. Bei der ruhenden Larve liegt die größte Breite etwa bei Beginn des letzten Körperdrittels. Sie verjüngt sich von hier aus nach hinten nur wenig, nach vorn dagegen mehr, um in eine leicht abgerundete Spitze auszulaufen. Bei Streckung, z. B. beim Kriechen und im Wasser, dehnt sich der ganze Körper von hinten nach vorn, so daß er in dieser Lage hinten die größte Breite besitzt, um ziemlich gleichmäßig nach vorn abzunehmen. Das Hinterende erscheint rechtwinklig abgestutzt und die Analplatte nur wenig von vorn oben nach hinten unten abgeschrägt. Die Ventralseite des sonst gleichmäßig gerundeten Körpers ist abgeplattet und mit einer Reihe von Kriechwülsten versehen. Die Fortbewegung wird unterstützt durch den Körper umfassende Bänder mit Reihen von Hautzähnchen, die am Anfang der Segmente, besonders bei älteren Larven, leicht zu erkennen sind [1].

Die Kopfsegmente lassen oberhalb der Mundhaken in allen drei Larvenstadien zwei Paar Sinnesorgane erkennen. Das den Mandibeln zunächst gelegene wird von CAMERON als Antennen gedeutet und die beiden anderen etwas mehr nach oben verschobenen und näher beieinander gelegenen Höcker als Sinnespapillen („sensory papilla"). KEMNER, dessen Abbildung wir wiedergeben und dessen Auslegung wir folgen möchten, bezeichnet die oberen Höcker als Antennen und die unteren als Maxillarpalpen (vgl. Abb. 3).

Zwischen den Enden der Mundhaken, etwas nach unten verlagert, befindet sich die Mundöffnung, und seitlich von ihnen liegen zwei Reihen von Hautlappen.

---

[1] Vgl. auch die Beschreibung bzw. Abbildung der Larve unter anderem bei *38*, *40*, *58*, *96* und *153*.

Das letzte Körpersegment zeichnet sich ebenfalls durch Höcker und Wülste aus, die beim ersten Stadium noch kaum ausgeprägt sind, und deren Zahl bei den Altlarven am höchsten ist. Über die Größe und Lage unterrichtet Abb. 3 *B*.

Das Tracheensystem der Larve ist in seinem Verlauf deutlich zu erkennen. Bei den Junglarven fehlen die vorderen Stigmenöffnungen, während die hinteren, im letzten Segment gelegenen, noch einen primitiven Bau aufweisen (vgl. *A* in Abb. 4).

Stigmenöffnungen der Zweitstadien und Altlarven sind in Abb. 4 wiedergegeben (*B* und *C*). Die Zahl der fingerförmigen Glieder an den Vorderstigmen ist selbst auf der rechten und linken Seite ein und derselben Larve nicht immer gleich. Sie beträgt 6—10, bei den Zweitstadien meist 8—9 und bei den Altlarven in der Regel 7—9.

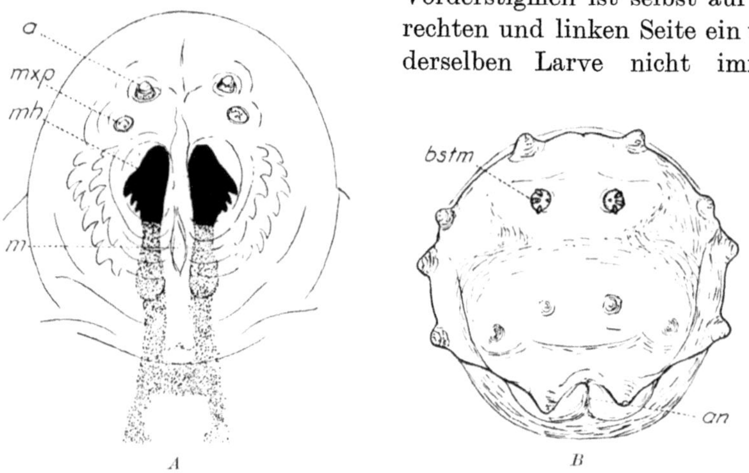

Abb. 3. Kopf- und Analsegment der Larve von *Pegomyia hyoscyami*. *A* Kopfsegment einer Larve im 3. Stadium von vorn. *a* = Antenne, *mxp* = Maxillarpalpe, *mh* = Mundhaken, *m* = Mundöffnung. Vergr. etwa 100fach. (Nach KEMNER.) *B* Analsegment einer Larve im 3. Stadium von hinten. *bstm* = hintere Stigmen, *an* = Afteröffnung. Vergr. etwa 110fach. (Nach KEMNER.)

In entsprechender Weise schwankt auch die Zahl der ovalen, stärker chitinisierten Gebilde an den Hinterstigmen der Larven, die in der Regel bei den Zweitstadien zu je zwei und bei den Altlarven zu je drei auftreten. Gelegentlich findet man aber auch Drittstadien mit nur zwei derartigen Körpern, und endlich können bei diesen bisweilen auf der einen Seite zwei und auf der anderen drei vorhanden sein.

Bei Angaben über die Größe der Larven ist zu bedenken, daß selbst innerhalb eines Stadiums die Differenz zwischen einem frisch gehäuteten und einem kurz vor der nächsten Häutung stehenden Exemplar ganz beträchtlich ist und sogar größer sein kann als zwischen zwei verschiedenen Stadien. Bei der ruhenden oder nur schwach beweglichen Made sind die einzelnen Segmente zum Teil ineinander geschoben oder doch gefaltet, während der Körper bei völliger Streckung um etwa ein Viertel der Länge zunehmen, die Breite sich aber entsprechend verringern kann. Die nachstehend angeführten eigenen Messungen sind an lebenden, nicht gestreckten Exemplaren ausgeführt.

Eine Zeitlang wurden möglichst kleine und auffallend große Larven aller Stadien gemessen. Das Ergebnis ist zusammen mit den Befunden bei Puparien und Imagines in Abb. 5 dargestellt[1].

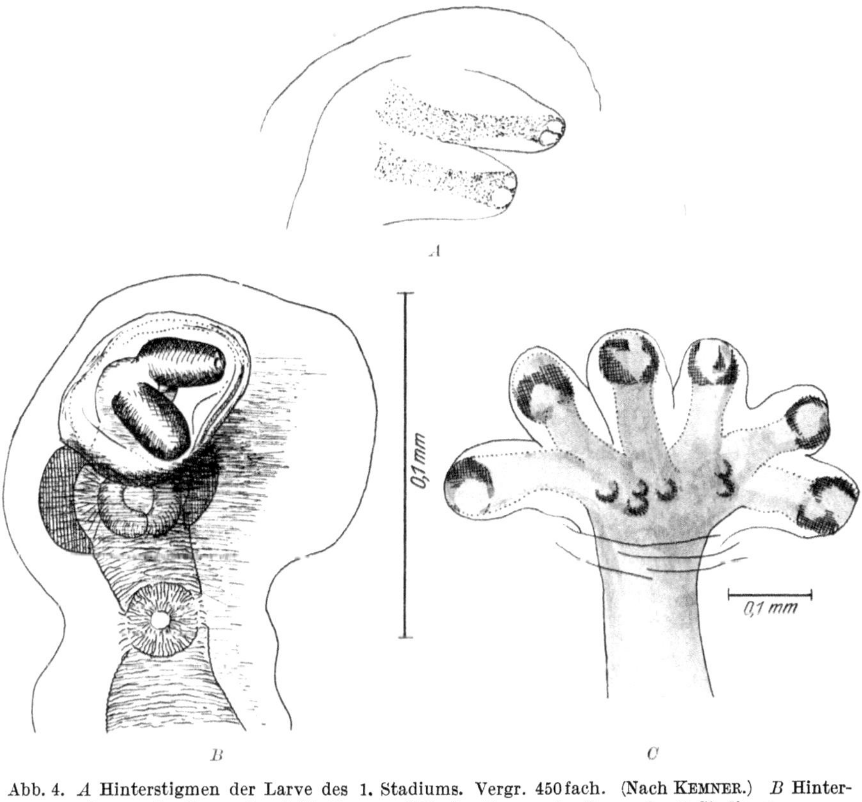

Abb. 4. *A* Hinterstigmen der Larve des 1. Stadiums. Vergr. 450fach. (Nach KEMNER.) *B* Hinterstigmen der Larve des 2. Stadiums. *C* Vorderstigmen der Larve des 3. Stadiums.

Kurz nach der ersten Häutung ist die junge Zweitlarve nur wenig größer als ein reifes erstes Stadium, dagegen merklich breiter. Die Ausmaße sind 2,15 × 0,62 mm gegen 1,64 × 0,45 mm bei erwachsenen Junglarven.[1] Bei unseren Messungen sind in diesem Fall nur solche Larven verwendet worden, die das neue und wesentlich größere Schlundgerüst des dritten Stadiums schon weitgehend vorgebildet hatten. Kurz vor der Häutung stehende Exemplare haben eine Länge von 4,3 mm und

[1] Vgl. *38, 96.*

eine Breite von 1,15 mm. In völlig gestrecktem Zustande können derartige Larven schon 5 mm überspannen.

Der Größenunterschied kurz vor und nach der letzten Häutung prägt sich wieder vornehmlich in der Zunahme der Breite aus. Junge

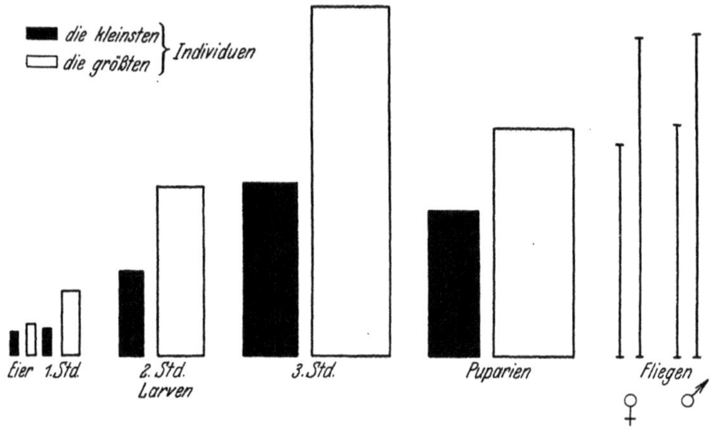

Abb. 5. Größenvergleich der Entwicklungsstadien von *Pegomyia hyoscyami*. Vergr. 10fach.

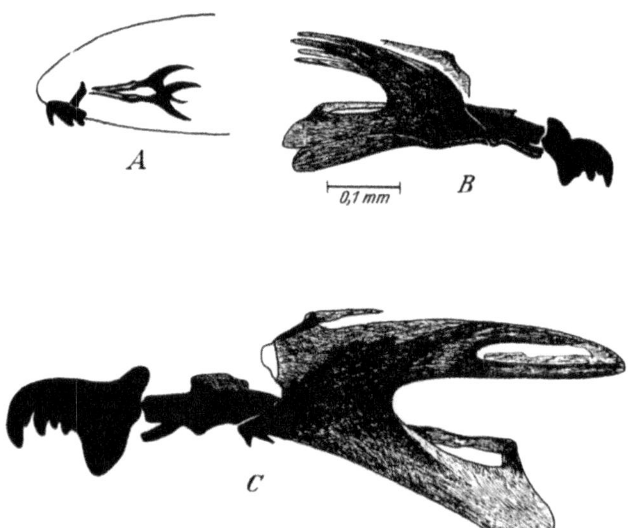

Abb. 6. Mundhaken der drei Larvenstadien. *A* Mundhaken der Junglarve. *B* Mundhaken der Zweitlarve. *C* Mundhaken der Altlarve.

Drittstadien hatten nach unseren Messungen eine Länge von 4,4 mm und waren 1,4 mm breit. Unter Verdoppelung der Länge betragen die Maße der größten im ruhenden Zustande gemessenen Larven dagegen 8,9 × 2 mm[1]. Wenn CARPENTER (*40*) sogar von 8—10 mm schreibt, liegt auch

[1] Vgl. *56*, *78*, *166*.

diese hohe Grenze noch durchaus im Bereich des Möglichen, wenn die Messung an gestreckten Larven vorgenommen wird. Wir möchten CAMERON jedenfalls nicht folgen, wenn er diese Größenunterschiede als ein durch die Verschiedenartigkeit der Wirtspflanzen (Rübe, Mangold, Tollkirsche) hervorgerufenes Merkmal anspricht.

Das wichtigste Unterscheidungsmerkmal der drei Larvenstadien von *Pegomyia hyoscyami* ist das Mundhakensystem. Von individuellen Abweichungen abgesehen, ist es für jedes Stadium nach Form und Größe konstant (Abb. 6).

Die Lage des gesamten Schlundgerüstes der Junglarven kann aus Abb. 7 ersehen werden. Es erstreckt sich etwa durch die drei ersten sichtbaren Körpersegmente, mißt in seiner längsten Ausdehnung ziemlich genau 0,2 mm und erreicht dadurch bei ganz frisch geschlüpften Larven fast ein Drittel der Körperlänge. Auffällig und auch für die makroskopische Diagnose wichtig ist, daß die Mundhaken gegenüber dem inneren Skelett nach unten verlagert sind und das kleine Verbindungsstück (*a* in Abb. 7) fast senkrecht zu ihnen gestellt ist, während beim zweiten und dritten Stadium alle Teile in einer Linie liegen. Die Mundhaken der Junglarven tragen drei Zähnchen, von denen das am weitesten nach hinten bzw. unten gelegene bisweilen nur wenig ausgebildet ist. Die Länge der Mundhaken allein beträgt 0,06 mm, eine Zahl, die auch KEMNER angibt.

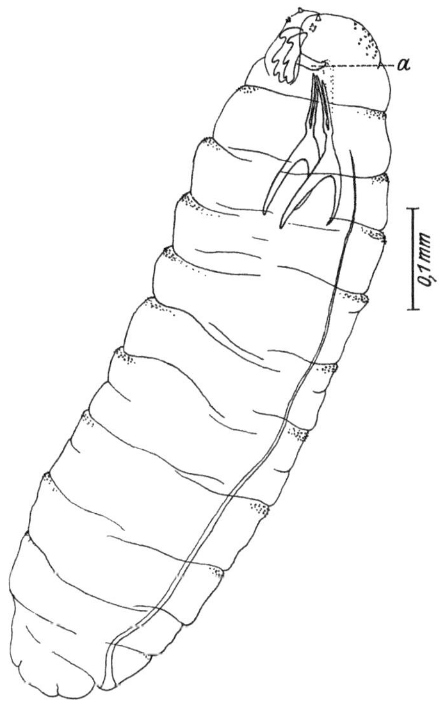

Abb. 7. Frisch geschlüpfte Larve von *Pegomyia hyoscyami* schräg von unten gesehen.

Am deutlichsten ist das Mundhakensystem bei den Zweitstadien zu sehen, weil es hier wesentlich größer ist als bei den Junglarven, der Körper aber noch verhältnismäßig durchsichtig bleibt. Eine genaue Beschreibung erübrigt sich, da Einzelheiten aus Abb. 6 zu ersehen sind. Die gesamte Ausdehnung beträgt 0,45—0,49 mm, die der Mundhaken allein in ihrer größten Ausdehnung etwa 0,11—0,12 mm. Die Profile der Mundhaken geben die wahre Gestalt übrigens nur unvollkommen wieder. Die Zähnchen liegen in Wirklichkeit nicht in einer Ebene, sondern sind deutlich nach außen gebuchtet. Der zweite große Zahn liegt also nicht hinter dem ersten, sondern ist merklich nach rechts bzw. links außen verlagert.

Das Schlundgerüst der Altlarven weicht, abgesehen von der Größe, von dem der Zweitstadien nur verhältnismäßig wenig ab. Die Länge hat sich nochmals ungefähr verdoppelt und beträgt jetzt bei Einbeziehung der individuellen Unterschiede gegen 0,78—0,88 mm, während die Mundhaken in ihrer Länge etwa zwischen 0,17 und reichlich 0,2 mm schwanken (vgl. Abb. 6).

c) Die Puppe. Die Nymphe der Rübenfliege unterscheidet sich nicht wesentlich von derjenigen anderer Fliegenarten. Die Größe wechselt nach dem Ernährungszustand der Larve. Hier genügt es, auf die Unterschiede bei den Puparien hinzuweisen. Unentwickelte Nymphen sind gelblich. Bei fortschreitender Entwicklung verfärben sich zunächst die Augen über Dunkelgelb, Gelbrot nach Rot. Etwas später werden die stärkeren Borsten am Rücken und Hinterleib sichtbar und, während die Nymphenhaut mehr und mehr abgehoben wird, die kleineren Borsten hervortreten und die Konturen der Gliedmaßen schärfer werden, verfärbt sich der Körper, bis er, abgesehen von den schwarzen Borsten, kurz vor dem Schlüpfen schmutzig gelbgrau erscheint.

Das Puparium von *Peg. hyoscyami* ist zunächst blaß gelbrot, dunkelt schnell nach und wird leuchtend rot bis bräunlich. In diesem Stadium sieht man die Nymphe noch etwas durchscheinen. Erst wenn auch diese sich verfärbt, wird es undurchsichtig und braunrot. Parasitierte Puppen sind von gesunden in der Regel leicht zu unterscheiden. Selbst wenn der Parasit noch als Larve in dem Puparium liegt, ist dieses fast immer dunkelbraun, um sich endlich in Schwarzbraun zu verfärben[1].

Die Chitinstruktur der Puppenhülle läßt zwei verschiedene Schichten erkennen, eine dicke, dunkel inkrustierte äußere und eine dünne, glatte, durchsichtige und irisierende innere. Die Puparien zeigen einen matten Glanz. Die Segmente sind oft nur noch undeutlich zu erkennen. Die größte Breite liegt entweder in der Mitte oder etwas nach hinten verlagert. Gegen das Kopfende verjüngt sich die Hülle in der Regel am meisten. Hier sind als kleine Höcker noch deutlich die vorderen Stigmenöffnungen erkennbar. Auch am hinteren Körpersegment sind an der jetzt gewölbten Analplatte vor allem die Stigmenöffnungen und, wenn auch schwach, die paarweise angeordneten kleinen Wülste noch wahrnehmbar. Wie bei den Larven ist auch am Puparium die Ventralseite am wenigsten gewölbt[2].

---

[1] Vgl. hierzu die farbige Abbildung bei *34*.

[2] Genaue Beschreibung der Puparien unter anderem bei *96*; daselbst und bei *153* auch gute Abbildungen.

Die Literaturangaben über die Größe der Puppen weichen wiederum nicht unbeträchtlich voneinander ab. Sie schwanken zwischen 4,5 × 1,25 mm und 6 × 2 mm (*38, 56, 78, 96, 166*). Bei eigenen Messungen sind nur solche Puparien berücksichtigt, die auch wirklich Fliegen ergeben haben. Im anderen Falle wären die Angaben für die kleinste Puppe noch zu vermindern, denn eine Anzahl Larven ergeben besonders in der Zucht bei ungenügender Ernährung kleine Notpuppen, die vielfach aber absterben, ohne sich bis zur Fliege zu entwickeln. Das kleinste von uns gemessene Puparium war 3,7 mm lang und 1,3 mm breit, das größte 5,8 × 2,1 mm. Die größte Differenz macht also in der Länge und in der Breite über 50% aus, und die von uns gemessenen Extreme schließen alle oben angeführten, von anderen Autoren genannten Maße in sich ein (vgl. auch Abb. 5).

d) Die Imago. Von besonderer Bedeutung für die Abgrenzung der Art sind die Geschlechtsorgane. Ihre Beschreibung ist darum hier vorangestellt. Ein näheres Eingehen auf sonstige anatomische Verhältnisse schien uns außerhalb des Rahmens unserer Aufgabe zu liegen.

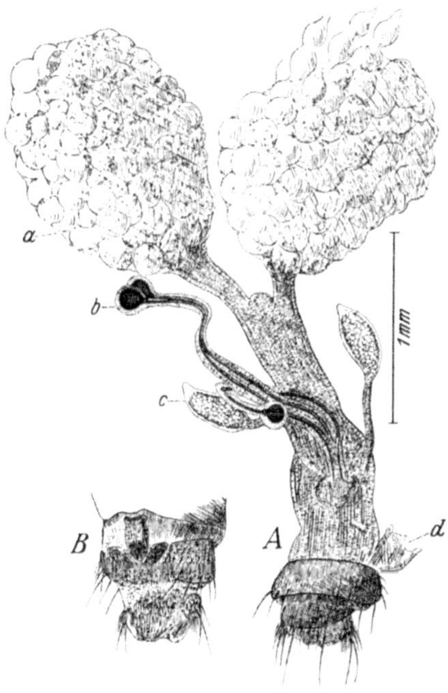

Abb. 8. Geschlechtsorgane und Hinterleibsende einer 1/2 Tag alten weiblichen Fliege. *A* Dorsalansicht. *B* Hinterleibsende ventral. *a* Eischläuche, *b* Samentaschen, *c* Kittdrüsen, *d* Darm.

In Abb. 8 ist zunächst das Ovarium einer 1/2 Tag alten Fliege mit den letzten Hinterleibsegmenten dargestellt. Die Zahl der Eischläuche (*a*) ist nicht konstant. Sie schwankt auf jeder Seite etwa um die Zahl 40. Von den drei Receptacula seminis (*b*) sind zwei in ihren Ausführgängen miteinander verwachsen, während das dritte, freiliegende, stets einen scharf geknickten Ausführungsgang besitzt. Die zwei mit *c* bezeichneten Organe sind Kittdrüsen, mit deren Hilfe die Eier an den Blättern angeklebt werden.

Die männlichen Geschlechtsorgane gibt Abb. 9 wieder. Die Hoden (*a*) sind stark chitinisiert und von rotbrauner Farbe. Die beiden Anhangsdrüsen (*b*) sind wahrscheinlich Schleimdrüsen. Der komplizierte Begattungsapparat (*c*) ist in Abb. 10 noch einmal besonders und etwas übersichtlicher dargestellt, während Abb. 11 das Hypopyg von der Seite mit dem eingeschlossenen Genitalapparat zeigt[1]. Die Beborstung der Tergite kann im Groben aus der Totalwiedergabe der Imago ersehen

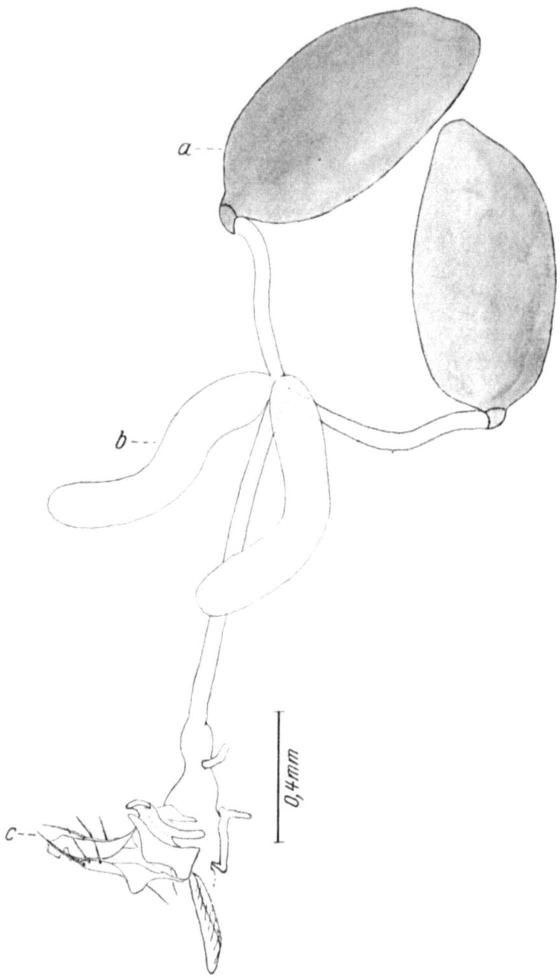

Abb. 9. Männliche Geschlechtsorgane der Rübenfliege. *a* Hoden, *b* Anhangsdrüsen, *c* Begattungsapparat.

werden, die in Abb. 12 dargestellt ist[2]. Dasselbe gilt für die Flügel. Für die Systematik wichtiger sind dagegen die Beine der Fliege. Hier

[1] Entsprechende Abbildungen auch bei *58*, *80* und *147*.

[2] Weitere gute Abbildungen der Fliegen finden sich bei *38* und *152*.

ist es besonders die unterste Borste an der Außenseite der Hinterschienen, die bei *Pegomyia hyoscyami* auffällt (vgl. Abb. 13)[1].

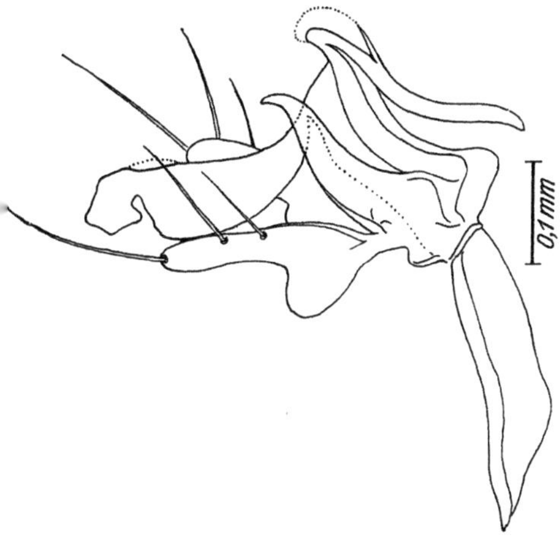

Abb. 10. Begattungsapparat einer männlichen Rübenfliege.

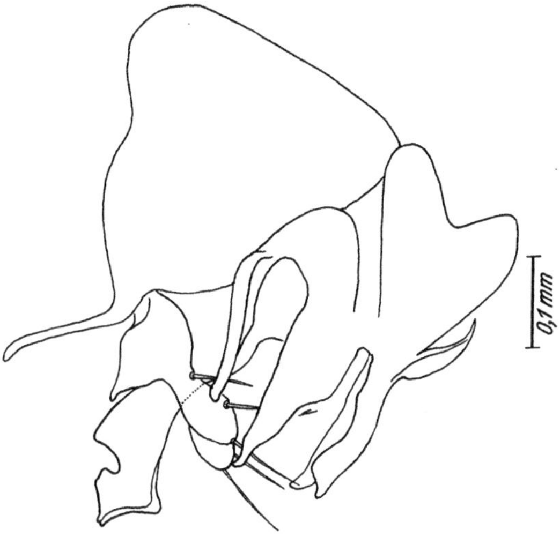

Abb. 11. Hypopyg mit eingeschlossenem Genitalapparat, von der Seite gesehen.

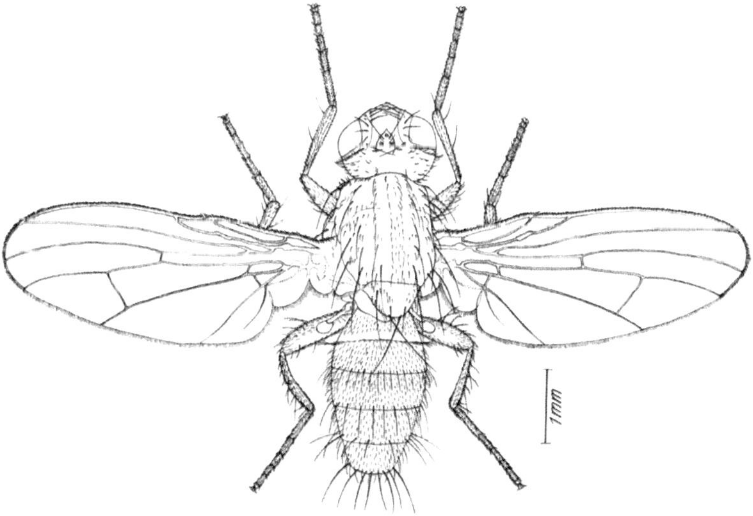

Abb. 12. *Pegomyia hyoscyami* ♀ Imago.

Abgesehen von der geringen Abweichung in der Färbung und der Gestalt des Hinterleibes mit seiner stärkeren, dichteren und etwas anderen Beborstung bei den Männchen, kann man bei der lebenden Fliege das

[1] Abbildungen der Beine befinden sich auch bei *38* und *96*.

Geschlecht leicht durch die Stellung und Größe der Augen erkennen. Sie stoßen bei den männlichen Tieren im Scheitel fast zusammen, während sie bei den Weibchen weit auseinanderstehen. Statt eingehender und allzu leicht mißverständlicher Beschreibung ist auch hier zur Orientierung die bildliche Darstellung gewählt. In Abb. 14 sind die Köpfe beider Geschlechter von vorne dargestellt[1].

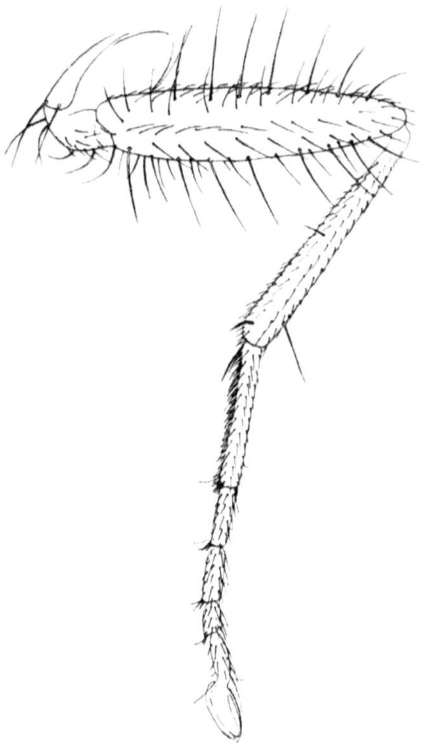

Abb. 13 *A*.

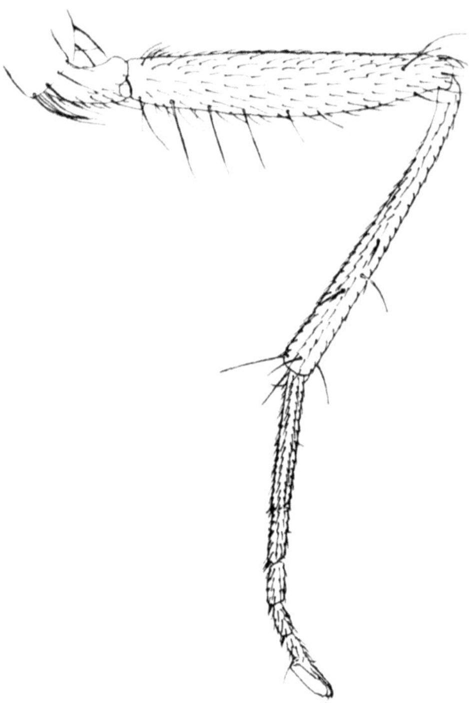

Abb. 13 *B*.

Von den Kopfteilen sind die Fühler und Taster vom systematischen Gesichtspunkt wichtig; die ersteren als Träger der Fühlerborsten, deren mit bloßem Auge nicht sichtbare Behaarung ein für die Gattung spezifisches Merkmal darstellt; die letzteren, da an ihnen bei *Pegomyia hyoscyami* eine ganz bestimmte Zone, etwa das vordere Drittel, dunkel gefärbt ist. Beide sind in Abb. 15 wiedergegeben.

Die G r ö ß e der Fliegen wurde jeweils in der längsten Ausdehnung, und zwar vom rechten vorderen Augenrand bis zur Spitze des nach

[1] Gute Abbildungen der Köpfe auch bei *38*.

hinten gelegten linken Flügels gemessen. Die Ergebnisse sind zum Vergleich mit den bei den übrigen Entwicklungsstadien gefundenen Ausmaßen in Abb. 5 mit aufgenommen (vgl. S. 16). Das kleinste Weibchen zeigte eine Länge von 5,4 mm, das größte von 8,1 mm. Die Werte für Männchen lagen mit 5,9 mm als Minimum und 8,2 mm als Maximum

Abb. 13 *C*.

Abb. 13. Beine von *Pegomyia hyoscyami*. *A* vorderes, *B* mittleres, *C* hinteres Bein der rechten Seite, alle von vorn gesehen. Vergr. etwa 30fach.

ein wenig höher. Bei den Männchen ist dagegen besonders der zylindrische Hinterleib wesentlich schmaler als bei den Weibchen, deren Abdomen mehr oval geformt ist. Bei den männlichen Fliegen scheinen übrigens die Flügel relativ lang zu sein, während der Rumpf kaum größer ist als bei den Weibchen.

Über die Färbung der Imagines vgl. das folgende Kapitel.

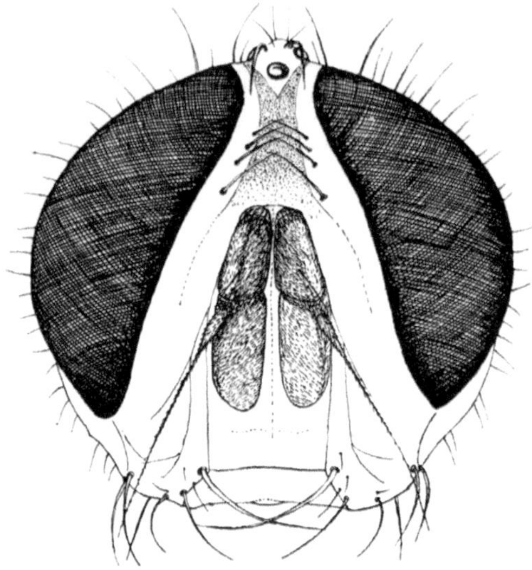

A

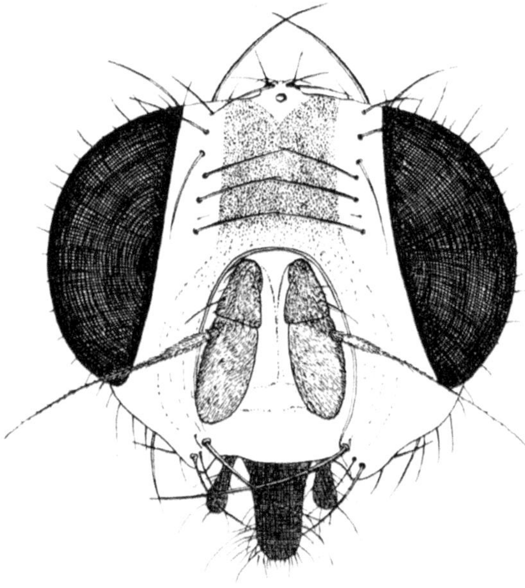

B

Abb. 14. Kopf der Rübenfliege. *A* ♂ von vorn. *B* ♀ von vorn. Vergr. etwa 45fach.

2. Morphologischer Vergleich der Fliegen verschiedener Herkunft.

Um die Variabilität der Fliegen verschiedener Herkunft[1] darzulegen, sind in Tabelle 1 zunächst die Abweichungen in einer Reihe von Färbungsmerkmalen gegenübergestellt. Die vom systematischen Gesichtspunkt sonst wichtige Borstenzahl hat bei eingehender Prüfung keine sicheren morphologischen Trennungsmerkmale für Tiere verschiedener Herkunft ergeben. Im allgemeinen ist bei den aus Solanaceen stammenden Imagines der ganze Körper etwas weniger und meist auch kürzer beborstet als bei den Meldenfliegen.

Auch die Begattungsorgane der Männchen verschiedener Herkünfte zeigen keine systematischen Unterschiede.

Hendel (*71*) meint, daß die aus *Chenopodium album* und die aus *Hyoscyamus niger* gezogenen Fliegen als zwei getrennte

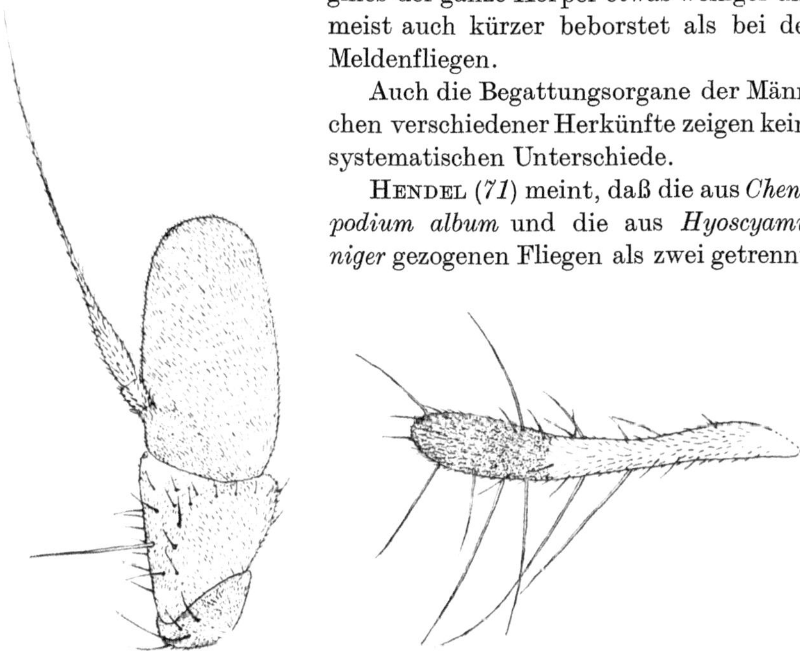

A *B*

Abb. 15. *A* Rechter Fühler eines ♂, *B* linker Maxillartaster eines ♀ von *Pegomyia hyoscyami*. Vergr. etwa 120fach.

Arten anzusehen sind. Die Fliegen aus *Chenopodium album* unterscheiden sich nach ihm „von den aus *Hyoscyamus* gezogenen Stücken dadurch, daß die Backengruben weniger scharf eingedrückt sind und kaum braun schillern. Besonders aber ist die Stirne des einzigen Männchens deutlich breiter als bei den *Hyoscyamus*-Exemplaren und so breit wie der Abstand der Acrostichalhärchen am Thorax". Wir sahen, daß die einzelnen Farbtöne von Fliegen selbst aus ein und derselben Wirtspflanze außerordentlich

[1] Für freundliche leihweise Überlassung sind wir Herrn Dr. Abiko-Hokkaido, der Fa. Caesar & Loretz-Halle, Herrn Collin-Newmarket, Herrn Dr. Hering-Berlin, Herrn Direktor Dr. Horn-Berlin-Dahlem, Herrn Mittelschulkonrektor Karl-Stolp, Herrn Lehrer Kramer-Niederoderwitz und Herrn Lehrer Seidel-Oberglogau zu besonderem Danke verpflichtet.

schwankend sind und ihnen gesondert wohl kaum größere Bedeutung beizumessen ist. Die beiden anderen genannten Merkmale sind unseres Erachtens aber stark abhängig vom Alter der Fliegen bei ihrem Tode und, wohl als Folge hieraus, von dem Zustand der Eintrocknung bzw. der Art der Konservierung. Auch auf Grund vergleichender Messungen der Stirnbreiten können wir die Ansicht HENDELS nicht bestätigen.

D. Ergebnis der biologischen und morphologischen Vergleiche.

Die Gestalt und Beborstung der in Vergleich gezogenen *Pegomyia*-Formen aus verschiedenen Wirtspflanzenarten hat uns keine Abweichungen aufzeigen können, die eine Trennung in verschiedene Arten rechtfertigen. Starke Unterschiede sind dagegen in der Färbung vorhanden. Den hellen Fliegen mit mehr blaugrauem Thorax und meist rötlichgelbem Abdomen aus Solanaceen stehen dunkle Formen aus *Beta*, *Chenopodium* und *Atriplex* mit olivgrünem, bräunlichem oder gar schwärzlichem Körper gegenüber. Die Übergänge zwischen beiden Serien stellt eine dritte Gruppe, nämlich die Fliegen aus den verschiedenen Sorten von Spinat. In dieser Gruppe finden wir zwar in der Regel die dunkle Form, daneben aber ganz selten auch hell blaugraue, schwächer beborstete Exemplare mit einem für die Fliegen aus Solanaceen typischen gelb- bis rostroten Hinterleib und dem gelben zweiten Fühlerglied[1].

Berücksichtigen wir weiterhin die biologischen Befunde, so kann kein Zweifel darüber bestehen, daß die aus *Spinacia* einerseits, und aus *Beta*, *Chenopodium* und *Atriplex* andererseits gezogenen Rübenfliegen derselben Art angehören. Ja, die Bereitwilligkeit der Fliegen, in der Zucht zwischen den vier genannten Brutpflanzen zu wechseln, und die Möglichkeit der Kreuzung dieser verschiedenen Formen berechtigt uns nicht einmal dazu, im vorliegenden Falle biologische Rassen zu unterscheiden. Der wechselnde Befall dieser Pflanzenarten im Freilande ist in erster Linie durch den festgelegten Lebensablauf der Fliegen und durch den ererbten Instinkt zu erklären, der Nachkommenschaft die günstigsten Bedingungen zur Erhaltung der Art zu bieten.

Komplizierter liegen die Verhältnisse bei biologischer Gegenüberstellung der Fliegen aus Solanaceen und Chenopodiaceen[2]. Die offensichtliche Abneigung der Tiere einer Gruppe die Wirtspflanzen der anderen anzunehmen weist auf tiefer liegende Unterschiede hin. Da aber die vergleichende Morphologie uns bei der Trennung in verschiedene Arten im Stiche läßt und es in der Zucht wenigstens in einzelnen Fällen möglich war, die Fliege zur Ablage entwicklungsfähiger

[1] Auch die Fliegen aus *Beta* liefern Zwischenstadien, doch scheint hier die helle Solanaceenform nur äußerst selten aufzutreten.

[2] Wegen völligen Fehlens von Vergleichs- und Zuchtmaterial muß die an *Amarantus retroflexus* brütende *Pegomyia* hier ausgeschlossen werden.

Eier zu bringen, und da bei künstlicher Übertragung der Eier von Rübe auf Bilsenkraut oder Stechapfel und umgekehrt Larven und Fliegen erhalten wurden, in einem Falle sogar eine Kreuzung gelang, ist hierdurch doch eine Beziehung zwischen beiden Gruppen festgestellt. Wir halten uns daher nicht für berechtigt, beide Fliegenformen als Arten zu trennen und möchten sie mit CAMERON (*38*) als biologische Rassen bezeichnen.

Von den in die Untersuchungen einbezogenen Fliegen bleibt die Stellung der an Silenaceen brütenden Formen noch am meisten ungewiß. Die große morphologische Ähnlichkeit der Imagines mit den aus Gänsefuß- und Nachtschattengewächsen gezogenen spricht zunächst auch hier für die Zugehörigkeit zur Art *Pegomyia hyoscyami*. Andererseits geben die von HERING (*20*) gefundenen, wenn auch verhältnismäßig geringen Abweichungen im Mundhakensystem der Larven doch zu denken. Leider war es nicht möglich, Fliegen aus *Silene* in die biologischen Versuche einzubeziehen. Eine Aufklärung in dieser Richtung bleibt dringend erwünscht. Da HERING selber als vorzüglicher Kenner der minierenden Insekten keinen Anlaß sieht, die aus *Silene* gezogene *Pegomyia* als besondere Art hinzustellen, und auch uns der morphologische Vergleich hierfür keine Unterlagen geboten hat, muß es dabei bleiben, die an *Silene* lebende Form als Unterart (oder biologische Rasse) von *Pegomyia hyoscyami* anzusehen.

Ganz kürzlich hat HERING (*75*) auf das Vorkommen einer weiteren Unterart von *Pegomyia hyoscyami* hingewiesen, die in Südrußland aus *Hyoscyamus niger* und *Datura stramonium* gezogen wurde. Von den bisher aus diesen Pflanzen gezogenen Fliegen unterscheidet sie sich im männlichen Geschlecht morphologisch dadurch, daß die Orbiten zusammenstoßen, eine Stirnstrieme dazwischen aber fehlt. Bei den Weibchen und auch in der Lebensweise konnte ein Unterschied nicht festgestellt werden. Diese Unterart wird von HERING *Pegomyia hyoscyami meridiana* genannt.

Um abschließend möglichste Klarheit in die Nomenklatur dieser umstrittenen Gruppe zu bringen, möchten wir vorschlagen, die ursprünglich als Arten beschriebenen und zum Teil auch noch als solche angesehenen Formen

Pegomyia (*Chortophila*) *atriplicis* GOUREAU,
,, *chenopodii* RONDANI,
,, *betae* CURTIS,
,, (*Anthomyza*) *spinaciae* HOLMGREN

fallen zu lassen und zusammen mit den an Solanaceen und Silenaceen lebenden Fliegen als eine Art *Pegomyia hyoscyami* PANZER aufzufassen, die morphologisch und besonders in der Färbung sehr variabel ist und die in die vier Unterarten

Pegomyia hyoscyami chenopodii,
,, ,, *solani*,
,, ,, *meridiana*,
,, ,, *silenes*

Ta-

	I aus Spinat	II aus Rübe	III aus Chenopodium und Atriplex
2. Fühlerglied	wie III, jedoch bisweilen braun oder rotgelb	wie I	schwarz; graugrün beschuppt, oft bräunlich, selten braungelb
Taster	gelb bis braun, Spitze schwarz (selten bräunlich)	gelbbraun, Spitze schwarz	gelbbraun, Spitze schwarz bis braun
Farbe des Thorax	hell-grau-blau-grün oder wie II und III (Unterseite heller und mehr grün)	grauoliv bis bräunlich; meist dunkler als I	wie II, vielleicht mehr bräunlicher Ton, besonders bei den ♂
Deutliche Rückenstriemen am Thorax	selbst bei ♂ meist nicht mehr als 3; im ganzen merklich schwächer als bei II und III (gelegentlich durch Flecken verwischt)	1, 3 oder 5, bei ♂ meist 3 oder 5; bei ♀ oft nur die Mittelstrieme breit und deutlich, selten diese schwach	1, 3 oder 5; Mittelstrieme meist deutlich und breit
Abdomen	alle Möglichkeiten wie II—IV	variabel; graugrün mit gelbroten Flecken oder Segmenträndern, ganz grau-grün oder mehr graubraun, dies besonders beim ♂. Mittelstriemen bei ♀ schwach oder fast fehlend, beim ♂ deutlicher und bei dunklen Exemplaren breit und stark	vornehmlich graugrün bis grünbraun; nur Segmentränder bisweilen gelblichgrau. Mittelstrieme wie II, im ganzen Abdomen dunkler wie II
Tarsen	wie III, Bräunung kaum vorhanden	wie III	schwarz; letzte Glieder besonders von 1 und 2 beim ♀ bisweilen gebräunt
Tibien	gelbbraun bis braun	etwa zwischen III und IV	schmutzig braun, 1 bisweilen graubraun. dunkler wie IV
Femur	alle Möglichkeiten wie unter II—IV	♀ braungelb; F. 1 immer dorsal blaugrau; ♂ a) wie ♀; b) oder F. 1—3 mit Ausnahme der braunen dist. und bas. Enden fast ganz blaugrau	♀ braungelb; F. 1 wie II, oft wie II ♂ b); F. 2 und 3 braungelb oder vornehmlich dorsal blaugrau; ♂ 1—3 immer wie II ♂ b)

belle 1.

IV aus Bilsenkraut	V aus Stechapfel	VI aus Leimkraut	VII aus Tollkirsche
rotgelb	wie I, ♂ dunkler	gelbbraun; ♂ aus *S. maritima* braunschwarz	rotgelb bis braun
gelb, Spitze schwarz oder braun	wie IV	wie I, etwas brauner	schmutzig gelbbraun; Spitze schwarz bis schwarzbraun
hell-grau-blau-oliv	♀ wie II, ♂ wie I	♂ aschgrau bis braunschwarz; Schildchen mehr wie III; ♀ hell blaugrau, kein oliv	♂ und ♀ hell-blaugrau, dorsal mit mehr oder weniger Olivschimmer; ♂ nur wenig dunkler
wie II	3. Beim ♀ bis auf die mittlere nur schwach	beim ♂ 3 oder 5, aber undeutlich, da Rücken weitgehend braunschwarz gefleckt; ♀ nur Mittelstrieme und ganz schwach	1 oder 3, beim ♀ in der Regel sehr schwach und selbst die mittlere bisweilen kaum erkennbar
hell gelbgrau bis rostrot, besonders hintere Segmentgrenzen. Mittelstrieme meist sichtbar, jedoch nicht immer deutlich. Abdomen selten graugrün und dann fast wie II	wie IV	♂ olivgrau mit gelblichem Schimmer; schwarze Mittelstrieme breit und deutlich. ♀ Basis graugelb, sonst hell schmutzig gelb bis braun, deutlich graubraune Mittelstrieme	♂ und ♀ graublau bis oliv. Meistens das zweite Segment und oft hintere Segmentränder hell rötlich grau. ♂ meistens mehr grauoliv. Mittelstrieme bisweilen unterbrochen oder schwach, doch immer vorhanden
wie I	wie III	wie III	schwarz
1 bis 3 bei ♂ und ♀ rotbraun; 3 bisw. gegen Ende etwas angeräuchert	wie I	♂ wie III, ♀ wie I	bei ♂ und ♀ gleichmäßig hell braungelb
♀ 1—3 gelb bis gelbweißlich; ♂ Femur 1 dorsal graublau, von der Basis ausgehend	♀ wie Tibien I; ♂ 2 und 3 gelbbraun bis braun; 1 bis auf Kniegelenke meist ganz blaugrau und dorsal dunkler	♀ 2 und 3 wie Tibien; 1 dorsal leicht graublau; ♂ 2 u. 3 braun bis braunschwarz; 1 weitgehend graubraun bis schwarz; vorderes Drittel innen braun	2 und 3 beim ♂ u. ♀ wie Tibien; 3 bei ♀ wie Tibien oder dorsal ganz leicht grau; bei ♂ immer dorsal ausgedehnt blaugrau

zerfällt. Ob *Pegomyia hyoscyami nigricornis* STROBL als fünfte Unterart hinzuzurechnen ist, bleibt weiteren Untersuchungen vorbehalten.

Folgen wir diesem Vorschlag, so würde auf Grund der durchgeführten Vergleiche die nachfolgend gebrachte Beschreibung der Art *Pegomyia hyoscyami* von STEIN (*155, 156*) besonders in den Farbmerkmalen eine Ergänzung erfahren müssen, die sich aus der Gegenüberstellung in Tabelle 1 ergibt.

Beschreibung von *Pegomyia hyoscyami* Pz. (nach STEIN).

„Die nicht sehr hohen Augen sind oben und unten fast gleich breit und werden durch eine deutliche schmale Strieme und die Orbiten getrennt. Stirn vorragend, Wangen schmal, gekielt, Backen ziemlich breit, Hinterkopf unten gepolstert, sämtliche Teile silbergrau bestäubt, neben der Fühlerbasis auf den Wangen ein recht deutlicher, schwärzlich schillernder Fleck. Stirndreieck nebst der Mittelstrieme meist schwarzrot, bisweilen auch heller, je nach dem Alter des Individuums, Fühler etwas unter der Mitte der Augen eingelenkt, kürzer als das Untergesicht, schwarz, zweites Glied mehr oder weniger rot, Borste nackt, an der Basis deutlich verdickt, Taster fadenförmig, gelb, das Enddrittel schwarz. Thorax, Schildchen und Hinterleib bei der helleren Form lichtgrau bis gelbgrau, ersterer ohne wahrnehmbare Striemung; *a* einander etwas mehr genähert als den *dc, spra* klein. Der Hinterleib ist schwach zylindrisch, bisweilen etwas flach gedrückt und läßt, schräg von hinten gesehen, eine schmale lichtbraune Mittelstrieme erkennen; das etwas angeschwollene Hypopyg ist oft nebst den Bauchlamellen rötlich gefärbt, selten ist der ganze Hinterleib ziegelrot. Beine gelb, Vorderschenkel obenauf mit mehr oder weniger deutlichem Längswisch, Tarsen schwarz, Pulvillen und Klauen ziemlich verlängert. Die Beborstung bietet nichts Besonderes, nur möchte ich erwähnen, daß von den Borsten auf der Außenseite der Hinterschienen die untere gewöhnlich recht lang ist. Flügel schwach gelblich, ohne Randdorn, dritte und vierte Längsader parallel, hintere Querader steil und gerade, die gleichgroßen Schüppchen weißlichgelb, Schwinger gelb.

Bei der dunkleren Form ist der Thorax und Hinterleib mehr bräunlich gefärbt und man erkennt auf ersterem von hinten die schwache Spur von drei etwas dunkleren Längsstriemen. Der Hinterleib ist, von hinten gesehen, dicht hellbraun bestäubt und läßt eine feine dunklere Rückenlinie verhältnismäßig recht deutlich erkennen; dieselbe ist oft an den Hinterrändern der Ringe unterbrochen. Das ziemlich auffallend kugelige Hypopyg ist ebenso bestäubt wie der Hinterleib, bisweilen rötlich überlaufen, die Bauchlamellen rötlich. Die Färbung der Beine schwankt; entweder sind nur die Vorderschenkel braun oder auch die Mittel- und Hinterschenkel ganz oder wenigstens auf ihrer Oberseite, wenn auch bisweilen sehr undeutlich.

Die Augen des Weibchens sind noch rundlicher, die breite Stirnstrieme rotgelb, bisweilen etwas verdunkelt, der ganze Kopf entweder hellbraun oder rötlich gefärbt, Taster meist an der Spitze keulenförmig verdickt. Thorax grau oder bräunlichgrau mit der Spur einer feinen Mittelstrieme; *st 1.2*, die untere hintere aber bedeutend kleiner als die obere, oft nur haarförmig. Hinterleib in der Färbung wieder sehr veränderlich entweder hellbraun oder ziegelrot, bisweilen schmutzigrot mit hellen ziegelroten Hinterrändern der Ringe; in allen Fällen ist aber ganz schräg von hinten gesehen eine feine bräunliche oder rötliche Längslinie schwach zu erkennen. Die Beine sind selten ganz gelb, meist die Vorderschenkel obenauf mit mehr oder weniger deutlichem Längswisch.“

II. Lebensgeschichte der Rübenfliege.

Das individuelle Leben der Rübenfliege beginnt mit der Ablage des Eies durch das Muttertier an die Nahrungspflanze. Die schlüpfende Junglarve bohrt sich ins Innere des Blattes, bildet dort eine Fraßmine und wächst in ihr heran. Die erwachsene Larve verläßt das Blatt und verpuppt sich in der Erde. Der Vollkerf zwängt sich durch Erdspalten an die Oberfläche, entfaltet sich und beginnt die Fortpflanzungstätigkeit.

A. Die Embryonalentwicklung.

Der Verlauf der Embryonalentwicklung selbst ist bei der Rübenfliege nicht beobachtet worden. Vermutlich wird er sich von dem der vielfach studierten nahverwandten Musciden (*52*, *174*) nicht grundsätzlich unterscheiden.

Von Außenfaktoren hat die Feuchtigkeit der Umgebung keinen wesentlichen Einfluß auf ihn. Die Eihülle ist praktisch wasserundurchlässig[1]; infolgedessen läuft die Embryonalentwicklung sowohl im extrem trockenen als im extrem feuchten Raum, auch in Wasser, ungestört ab (*20*).

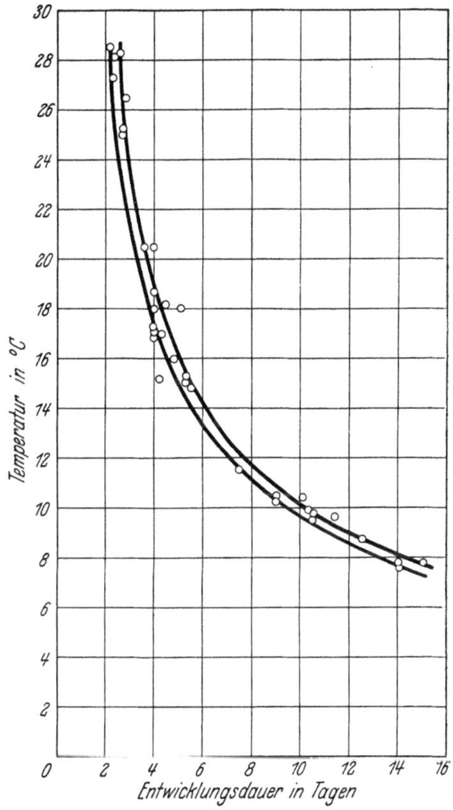

Abb. 16. Temperaturabhängigkeit der Embryonalentwicklung von *Pegomyia hyoscyami*.

Die Temperatur regelt innerhalb der Grenzen, in welchen das Ei überhaupt lebensfähig ist, die Geschwindigkeit seiner Entwicklung[2]. Abb. 16 zeigt die Beziehung zwischen Temperatur und Entwicklungsgeschwindigkeit des Rübenfliegeneies (*20*).

B. Das Larvenstadium.

1. Das Schlüpfen der Junglarve aus dem Ei.

Der Schlüpfvorgang ist an ein Mindestmaß von Wasserdampfsättigung in der umgebenden Luft gebunden. Schon bei 89% relativer

[1] Demnach auch undurchlässig für gelöste Stoffe, vgl. *20*.

[2] Aus der Nichtberücksichtigung dieser Tatsache erklären sich die verschiedenartigen Angaben über die Dauer des Eistadiums (2 [*177*]—10 [*163*] Tage).

Feuchtigkeit gelang im Einzelversuch (*20*) einem Teile, bei etwa 83% relativer Feuchtigkeit allen Junglarven das Schlüpfen nicht mehr. Da die Eier der transpirierenden Blattoberfläche unmittelbar anliegen, dürfte im humiden Klima das Zustandekommen des Schlüpfvorgangs meist gesichert sein.

Vielleicht steht mit dieser Trockenheitsempfindlichkeit im Zusammenhang, daß die Junglarven vornehmlich in den Abendstunden das Ei verlassen (*38*, *56*)[1]. Trotz gleichen Alters schlüpfen nicht sämtliche Larven einer Eigruppe[2] gleichzeitig; es wurden zeitliche Unterschiede von 1 Minute bis zu 24 Stunden beobachtet (*38*).

Die kleine rundliche Schlüpföffnung findet sich auf der mit der Blattepidermis verklebten Unterseite des Eies am Mikropylarende (*38*). Ihre unmittelbare Fortsetzung ist gewöhnlich der Eingang zur Fraßmine im Blatt; mit anderen Worten, die Larve kommt normalerweise auf ihrem Wege vom Ei ins Blatt mit der Außenwelt nicht in Berührung. Trifft sie jedoch beim Schlüpfen auf einen vertrockneten Blatteil, z. B. bei starker Belegung auf eine schon vorhandene Fraßmine, so sucht sie durch Wandern auf der Blattoberfläche eine geeignete Einbohrstelle zu finden (*38*). Dies gelingt freilich nicht immer: frisch geschlüpfte Larven sind außerhalb des Blattes recht hinfällig und leben meist nur wenige Stunden.

Die frisch geschlüpfte Larve hinterläßt innerhalb des Chorions eine zarte, durchscheinende Membran (*38*). Die leere Eischale sinkt nach einiger Zeit zusammen.

2. Das Eindringen der Larve ins Blatt.

Die Larven erreichen das Blattinnere mit Hilfe ihrer Mundhaken[3]. Diese beschreiben bei der Bewegung ebene Kreissegmente. Infolgedessen entsteht zunächst ein sichelförmiger Schlitz im Blattgewebe (*132*). Durch ihn zwängt sich die Larve, mit den Mundhaken weiter das Blattparenchym zertrennend, zwischen die Blattoberhäute.

Der ganze Vorgang dauert je nach Alter und Aktivität des Tieres recht verschieden lange. Das erstmalige Einbohren der Junglarve soll bis zu 3 Tagen in Anspruch nehmen (*56*), was jedoch keinesfalls die Regel ist. Ältere brauchen bei Gelegenheit erneuten Einbohrens[4] entsprechend weniger (Einzelbeobachtungen 140, 25 [*38*], 15 [*58*], 2 [*132*] Minuten).

---

[1] Im Laboratorium kann man gelegentlich auch Schlüpfen bei Tage beobachten.

[2] Vgl. S. 48.

[3] Vgl. S. 17.

[4] Siehe S. 34.

3. Minenbildung. Fraßtätigkeit.

Die Mine der Rübenfliegenlarve im Rübenblatt ist eine Gangplatzmine. Ihre Entwicklung kann im einzelnen recht verschieden verlaufen. Ausschlaggebend dafür ist vor allem die Zahl der Individuen, die sich an der Bildung einer Mine beteiligen. Meist fressen die Abkömmlinge einer Eigruppe[1] zunächst gemeinsam und trennen sich erst später. Die junge Larve arbeitet nur nach vorn und erzeugt so die Gangmine[2] (Abb. 17). Deren Breite entspricht also dem Produkt aus Zahl und Körperquerschnitt der in einem Fraßgang befindlichen Junglarven. Späterhin fressen die Tiere nicht mehr nur geradeaus nach vorn, sondern auch nach den Seiten. So entsteht die Platzmine oder, da sich die Blattoberhaut an der betreffenden Stelle leicht blasenförmig aufwölbt, Blasenmine (Abb. 17). Der Übergang von der Gangminen- zur Platzminenbildung kann in verschiedene Altersstufen der Larve fallen, meist jedoch in das zweite Stadium, und zwar durchschnittlich etwa 3—5 Tage nach dem Schlüpfen. Form und Größe der Mine schwanken naturgemäß mit der Zahl und dem Alter der fressenden Larven sowie der Art der befressenen Pflanze und der Blattgröße. Kompliziert wird das Bild durch die Gewohnheit der Tiere, gelegentlich das Blatt zu verlassen[3] und an einem anderen Orte sich wieder einzubohren, also Sekundärminen zu bilden, ferner bei starkem Befall durch die Vereinigung von Minen verschiedenen Alters. Die Flächengröße der Mine wurde im Einzelfall zu 37 qcm für 4 Larven, also 9—10 qcm für 1 Larve, ermittelt (*20*). Die zerstörten Partien heben sich durch ihre blaßgrüne Färbung von der dunkelgrünen des unversehrten Blattes ab. Später, gelegentlich noch während des Fraßes, pflegt der älteste Teil der Mine zu vertrocknen und graubraune Farbe anzunehmen. Schwächere Blattrippen bilden kein Hindernis für die Minenbildung, stärkere werden umgangen.

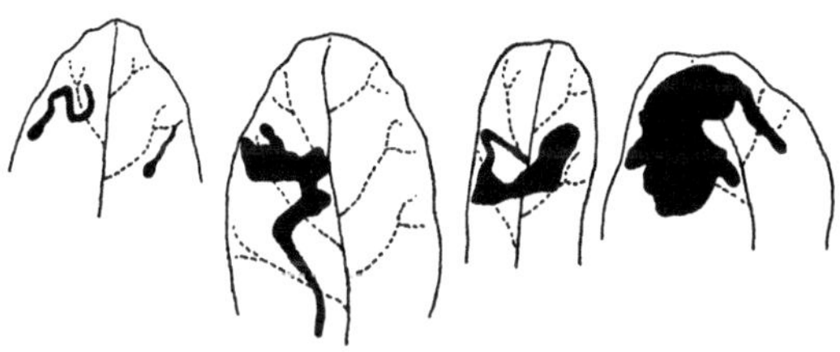

Abb. 17. Blattminen der Rübenfliegenlarve. Natürliche Größe. (Nach KLEINE.)

In den fleischigen Rübenblättern liegt die Mine zunächst der Oberseite des Blattes genähert. Bei Nahrungspflanzen mit zarteren Blättern kann der ganze Querschnitt des Parenchyms zerstört sein (*58*).

Bei der Fraßtätigkeit werden die Mundhaken nach zwei verschiedenen Richtungen bewegt: einer lateralen, welche die obere und untere

[1] Siehe S. 48.
[2] Vgl. auch das Umschlagsbild.
[3] Siehe S. 34.

Partie des Blattes voneinander trennt, und einer dorsoventralen, wodurch einzelne Stückchen des Parenchyms abgerissen werden (*58*). Die letzteren werden von der Larve ganz verschlungen. Infolgedessen hat der Darminhalt grüne[1] Farbe; auch gibt die Larve bei Berührung leicht grüne Darmflüssigkeit ab. Die Weiterbeförderung der Bissen im Innern des Tieres geschieht durch ständige von vorn nach hinten gerichtete, auch durch die Blattoberhaut hindurch mit bloßem Auge deutlich wahrnehmbare peristaltische Bewegungen des Darmes. Diese werden gelegentlich unterbrochen; dann erfolgt Defäkation (*58*). Die Kothäufchen liegen unregelmäßig in der Mine verstreut. Gegenüber Schwankungen in der Zusammensetzung der Nahrung sind besonders die Junglarven empfindlich. In leicht etiolierten Blättern sterben sie schnell ab. Mangel an Chlorophyll oder Assimilaten im Blatt scheint demnach den Junglarven verderblich zu sein. So werden auch bei der erwachsenen Rübe die jungen, hellgrünen Blätter von den Larven nicht berührt.

4. Verhalten der Larve außerhalb des Blattes.

Die Mine wird von der Larve während ihrer Entwicklung nicht selten verlassen. Anlaß dazu scheint immer eine Störung zu geben. Als solche kommen z. B. in Frage: Erschöpfung der Blattsubstanz durch die Mine, Anstoßen an Hindernisse wie Trockenstellen oder starke Blattadern, Belästigung durch Schlupfwespen, vielleicht auch Eindringen von Regenwasser in die Mine (*20*).

Solange sie noch nicht verpuppungsreif ist[2], strebt die im Freien befindliche Larve danach, sich möglichst schnell an einer passenden Stelle wieder einzubohren (Sekundärmine). Während der nun einsetzenden Suchwanderung sind die Mundhaken in ständiger Bewegung; dabei wird anscheinend das unmittelbar berührte Substrat geprüft. Irgendwelche Fernorientierung läßt sich nicht nachweisen (*20*). Ein Rübenblatt wird erst dann als geeignetes Nahrungssubstrat erkannt, wenn es unmittelbar berührt worden ist.

Finden Larven, welche ihre Mine verlassen haben, keine Möglichkeit, eine neue anzulegen, so gehen sie zugrunde, soweit sie ein bestimmtes Alter noch nicht erreicht haben[3]. Die Dauer der Lebensmöglichkeit außerhalb des Blattes steigt mit zunehmendem Alter von wenigen Stunden auf mehr als 1 Tag (*20*).

Eine besondere Rolle spielt das Leben außerhalb der Mine bei den Larven der ersten Generation. Sie sind infolge der Kleinheit und geringen Wachstumsenergie der jungen Pflanze besonders oft gezwungen,

---

[1] Bei pathologischen Zuständen gewöhnlich in braun verfärbt.

[2] Siehe S. 36.

[3] Siehe S. 19.

ihre Minen wegen eintretenden Nahrungsmangels zu verlassen und neue Blätter, ja neue Pflanzen aufzusuchen. Der Umkreis der Suchwanderung auf der Erde hängt von der Feuchtigkeit und Struktur der Erdoberfläche, sowie von der Größe der Larven ab. Im Einzelversuch fanden eine 10 cm entfernte junge Rübenpflanze von je 20 Larven auf trockenem Boden 0, auf feuchtem 5 (*20*).

5. Verhalten der Larve gegenüber den Außeneinflüssen.

Bis auf kurze Lebensabschnitte, die die Larve außerhalb ihrer Fraßmine verbringt, ist sie infolge des Lebens im Innern des Blattes der unmittelbaren Einwirkung von Außeneinflüssen weitgehend entzogen[1]. Ohne Bedeutung sind diese naturgemäß nicht.

Der Bau ihrer Atemöffnungen zwingt die Larve zur Luftatmung. Dringt Wasser in die Mine ein, so verfallen die Insassen, soweit sie sich nicht durch die Flucht retten können, in Starre. Diese ist noch nach ziemlich langer Zeit[2] wieder aufhebbar, führt jedoch auf die Dauer zum Tode. Die Feuchtigkeit der das Blatt umgebenden Luft hat nur in extremen Fällen eine wesentliche Einwirkung auf die Larvenentwicklung: In ausgesprochenen Trockenperioden kann ein hoher Prozentsatz der Larven aller Stadien in den Minen zugrunde gehen.

Die Temperatur regelt vornehmlich die Geschwindigkeit der Larvenentwicklung, deren Dauer infolgedessen starken Schwankungen unterliegt[3]. Es ist bisher nicht gelungen, diese Beziehungen im Versuch exakt zu erfassen, da bei der besonderen Lebensweise der Larve die sonstigen Entwicklungsbedingungen kaum konstant gehalten werden können. Die Zusammenstellung folgender experimentell erhaltener Wertepaare dürfte die Temperaturwirkung mit Annäherung wiedergeben (*20*):

Durchschnittstemperatur	Dauer des Larvenstadiums
$23^1/_2$ ° C	9—11 Tage
20 ° C	10—12 „
$19^1/_2$ ° C	10—14 „
17 ° C	12—15 „
$14^1/_2$ ° C	17—22 „

Mit diesen Daten wird man sich ein Bild von der Dauer des Larvenlebens in verschiedenen Teilen der Vegetationsperiode machen können. Die Anteile der Entwicklungsstadien[4] an dieser Gesamtdauer hängen sehr von den Außeneinflüssen ab und verhalten sich etwa wie 1 : 1 : 2 oder 3 : 3 : 7 in Zimmerkultur bei optimaler Feuchtigkeit, können aber auch der Proportion 1 : 2 : 8 (*38*, *96*) entsprechen.

---

[1] Über die Einwirkung natürlicher Feinde und des Menschen vgl. S. 55ff, 65ff, 97ff.

[2] Im Einzelversuch z. B. nach fast 24 Stunden, vgl. *20*.

[3] Die extremsten Angaben machen HOWARD (*79*) mit 7—8, FARSKY (*56*) mit 24—31 Tagen.

[4] Siehe S. 13.

6. Krankheiten des Larvenstadiums.

Häufig führt eine Erkrankung zum Tode der Larven, die mit brauner Verfärbung des Darminhalts beginnt. Bei kaltem, nassem Wetter sind gelegentlich weiß verfärbte, aufgetriebene, tote Larven in den Blättern gefunden worden (*131*).

C. Das Puppenstadium.

1. Die Verpuppung.

Die verpuppungsreife Larve verläßt ihre Fraßmine und begibt sich in die Erde. Da ein großer Teil der Puppen in nächster Nähe der Hauptwurzeln zu finden ist, kann man annehmen, daß die Verpuppungswanderung häufig an den Blättern entlang zur Wurzel führt[1]. Ihr Ziel erreicht sie in recht verschiedener Erdtiefe, meist findet man die Puppen im Freien 1—4 cm tief liegend (vgl. z. B. *154*).

Je feuchter der Boden ist, desto oberflächlicher liegen im allgemeinen die Puppen; je trockner die Erde, desto größer ihre Tiefenlage. Im Einzelversuch (*20*) war die Verpuppungstiefe der Mehrzahl in mäßig feuchtem Acker bei 2—4 cm, in demselben, aber stark angefeuchteten Boden bei 0—2 cm Tiefe. In mäßig feuchtem Kies waren die meisten Larven 2—4 cm, in trocknem Kies 4—5 cm tief eingedrungen.

Der Reiz, welcher die verschiedene Tiefe der Verpuppungswanderung bedingt, scheint aber nicht vom Wassergehalt des Bodens unmittelbar auszugehen, sondern von dem spezifischen Gewicht verschieden feuchter Böden. Steht den reifen Larven keine Erde zur Verfügung, so suchen sie nämlich als Verpuppungsort stets Stellen auf, wo sie möglichst von allen Seiten einem bestimmten Druck ausgesetzt sind; sie drücken sich z. B. in Ecken oder enge Öffnungen, reagieren also thigmotaktisch (*20*). Dementsprechend dringen sie in ein trockenes, aber spezifisch schweres Medium, z. B. Metallfeilspäne, ebenso wenig tief ein wie in feuchten Boden (*20*).

Auch die häufig wiedergegebene, im Freien aber nicht zu bestätigende Behauptung, daß die Rübenfliegenlarven sich im Blatte verpuppen, findet durch Thigmotaxis der reifen Larven ihre Erklärung: es handelt sich dann stets um vertrocknende und gedrückte Blätter, wie sie in Einsendungen der Praxis an wissenschaftliche Untersuchungsstellen gelangen. In ihnen finden die Larven die notwendigen Druckreize.

Die äußerlich sichtbaren Vorgänge bei der Verpuppung bestehen in einer Verkürzung und Verbreiterung des Körpers, sowie in einer Verfärbung und Verhärtung der Haut. Die Verfärbung geht über Gelb

[1] Auf diese Weise gelangt alljährlich ein gewisser Teil der Puppen mit dem anhaftenden Rübenschmutz in die Abwässer der Zuckerfabriken und kann zur Prognose der im nächsten Jahre zu erwartenden Befallstärke dienen. Vgl. darüber S. 87 und *32*.

in Rotbraun und ist in etwa 2 Tagen nach dem Verlassen der Fraßmine beendet (*56*). Der Darminhalt verfärbt sich von Grün über Braun in Gelbbraun. Sonst ist von den inneren Vorgängen bei der Verpuppung der Rübenfliege wenig bekannt. Solange die Haut noch durchsichtig ist, läßt sich eine Abnahme in der Frequenz der Darmperistaltik feststellen, jedoch nicht in der der Herzkontraktionen (*20*).

Nachdem die Larven eine Länge von etwa 5 mm erreicht haben, sind sie bei Nahrungsmangel zur Notverpuppung befähigt. Sie ergibt normal gestaltete Zwergfliegen.

2. Lebensgeschichte der Rübenfliegenpuppe[1].

Von der Verpuppung bis zum Schlüpfen des Vollkerfs ruht die Rübenfliege im Puppenstadium bewegungslos und ohne andere Lebenszeichen als eine leichte Verdunkelung gegen Ende der Entwicklung im Erdboden.

Anatomisch und histologisch ist die Umwandlung der Rübenfliegenlarve in die Nymphe und das Vollkerf nicht untersucht worden. Zum Vergleich muß wieder auf die Arbeiten verwiesen werden, welche die entsprechenden Vorgänge bei den verwandten Musciden geklärt haben (*104*, *133*, *182*).

Einige Zeit nach der Bildung des Pupariums erfolgt in diesem die der Nymphe. An ihr sind Merkmale der Entwicklung zunächst nicht festzustellen. Erst in der zweiten Hälfte der Entwicklungszeit melden sich äußere Anzeichen[2]. Bei Zimmertemperatur von ungefähr 18° beginnt das Dunkelwerden der Augen nach etwa 11, das der Borsten nach etwa 16, das Schlüpfen durchschnittlich nach etwa 20 Tagen.

In gewissen Grenzen wird die Imaginalentwicklung von Außenfaktoren beeinflußt, am wenigsten wohl von Feuchtigkeit, wenn auch die Wasserundurchlässigkeit der Puppen nicht so vollständig ist wie die der Eier.

Immerhin können Puppen der Rübenfliege lange — im Versuch (*20*) mindestens 10 Wochen lang — ohne Schädigung im Wasser verweilen. Ebenso haben sie bei experimentell herbeigeführtem praktisch vollständigem Mangel an Luftfeuchtigkeit sich völlig, wenn auch wohl etwas verlangsamt, entwickelt und normale Vollkerfe ergeben (*20*). Auch im Freien ist der Feuchtigkeitsgehalt des Erdbodens, wenigstens im humiden Klima, kein sehr wesentlicher Faktor für die Entwicklung der Rübenfliegenpuppen (*20*, *76*).

Wo bei extremer Feuchtigkeit Entwicklungshemmungen auftreten, sind sie jedenfalls zum größten Teile dem durch Dichtschlämmen des Bodens entstandenen Luft-, insbesondere Sauerstoffmangel zuzuschreiben. Tatsächlich nimmt der Prozentsatz sich nicht weiter entwickelnder Puppen um so mehr zu, je luftärmer der Boden ist, in dem sie sich befinden oder je tiefer sie in der Erde liegen; in Wasser stellen sie ihre Entwicklung vollständig ein (*20*).

---

[1] Über die Morphologie der Puppe vgl. S. 18.

[2] Vgl. S. 18.

Die Temperatur regelt innerhalb gewisser Grenzen die Entwicklungsgeschwindigkeit der Puppen. In welchem Maße das der Fall ist, zeigt die in Abb. 18 wiedergegebene Kurve der experimentell erhaltenen Werte für die Entwicklungsdauer der Puppen bei verschiedener Temperatur (ohne Berücksichtigung der Feuchtigkeit) (*20*).

Es ist daraus folgendes zu ersehen: Die Entwicklung der Rübenfliegenpuppe beginnt bei etwa 2° C und ist nach Einwirkung einer „effektiven[1] Temperatursumme“ von ungefähr 320° C beendet. Bei den in unserem Klima in den Sommermonaten vorherrschenden Durchschnittstemperaturen von 14—20° C liegt die Entwicklungsdauer der Puppen zwischen etwa 28 und 18 Tagen (*20*).

Gegen niedere Temperatur ist die vollausgebildete Rübenfliegenpuppe sehr widerstandsfähig. Starke Fröste schaden ihr, selbst in bereits fortgeschrittenem Entwicklungszustand, nicht (*20*). Die untere Temperaturgrenze der Lebensfähigkeit wurde ebensowenig festgestellt wie die obere, die jedenfalls beim Erstarrungspunkt des Protoplasmas zwischen 40 und 50° C liegt.

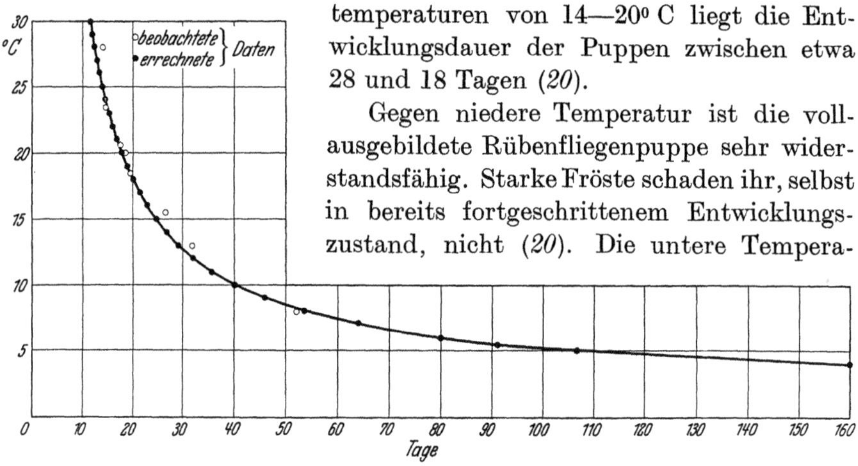

Abb. 18. Temperaturabhängigkeit der Imaginalentwicklung von *Pegomyia hyoscyami*. Kurve nach BLUNCK (*15*) errechnet[2].

D. Das Stadium des Vollkerfs oder der Imago[3].

1. Der Schlüpfvorgang.

Die fertig entwickelte, schlüpfreife Imago sprengt die Nymphenhaut und das Puparium und bahnt sich ihren Weg durch den Erdboden ans Tageslicht. Das Sprengen der Puppenhüllen geht auf die für zyklorhaphe Fliegen typische Weise vor sich: Durch häufiges Füllen und Wiederentleeren der Kopfblase (Ptilinum) wird ein immer wiederholter Druck auf das Vorderende des Pupariums ausgeübt. Dadurch

[1] D. h. Summe der Temperaturen über + 2° als Nullpunkt.

[2] Die Daten von Temperatur und Entwicklungsdauer sind Durchschnittswerte. Über ihre Genauigkeit und die Errechnung der theoretischen Kurve nach den Formeln von BLUNCK (*15*) vgl. *20*.

[3] Vgl. auch Kapitel „Morphologie“.

werden schließlich dessen vorgebildete Nähte — Ringnaht und über die Spitze verlaufende Bogennaht — gesprengt.

Ist das Öffnen des Pupariums gelungen, so beginnt der eigentliche Schlüpfakt, d. h. das Verlassen der Hülle. Das Hauptwerkzeug ist zunächst auch hierbei die Kopfblase, da die Beine, vorerst noch in der Nymphenhaut festhängend, nach hinten ausgestreckt und in der Beweglichkeit gehemmt sind. Auch der Körper selbst nimmt an dem Schlüpfakt teil, indem er sich durch regelmäßiges Aufblähen und Zusammenziehen nach vorn schiebt. Sobald die Beine frei werden, unterstützen sie diese Bewegung.

Die nächste Aufgabe für die von den Puppenhüllen befreite, noch weiche, weißgelbliche, unentfaltete Fliege ist, durch den Erdboden hindurch an die Erdoberfläche zu gelangen. Auch hierbei spielt die Stirnblase eine wichtige Rolle. Sie bahnt und weitet den Weg; die Beine schieben den Körper nach vorn bzw. oben. Erleichtert wird die Aufgabe durch die Fähigkeit des noch unerhärteten Körpers, sich außerordentlich stark zu dehnen und seitlich zusammenzudrücken, so daß die Fliege auch engste Spalten passieren kann.

Naturgemäß werden die sich durch den Erdboden zwängenden Tiere jeweils von den Stellen geringsten Widerstandes geleitet. Im ganzen mag es überhaupt das Druck-, vielleicht auch das Sauerstoffgefälle sein, das den richtungweisenden Reiz bei der Wanderung an die Erdoberfläche ausübt. Jedenfalls ist es nicht negative Geotaxis; das läßt sich leicht nachweisen, wenn man Puppen in einem oben und unten offenen Gefäß aufbewahrt; die Fliegen kommen dann gleichmäßig nach beiden Richtungen aus der Erde heraus.

Durch die Geschicklichkeit der jungen Vollkerfe beim Durcharbeiten durch Erde wird ihre Fähigkeit erklärt, ganz erstaunlich starke Erdschichten zu durchmessen, im Versuche bis zu 50 cm (*20*, *96*).

Das Schlüpfen erfolgt fast stets in den Morgen- oder Vormittagsstunden. Die Konstanz des tageszeitlichen Schlüpftermins ist nicht oder doch nicht ausschließlich autonom bedingt, da es gelingt, durch Abänderung von Außenbedingungen einen größeren Anteil der Fliegen zu nachmittäglichem Schlüpfen zu veranlassen (*26*).

2. Entfaltung und Ausfärbung.

Die auf der Erdoberfläche erschienene Fliege ist weich, der Thorax von fahlgrauer Farbe, Beine und Hinterleib sind gelblich gefärbt (*38*). Kopf und Beine sind sofort sehr beweglich; die Tiere sind zu dieser Zeit bereits gut lauf- und kletterfähig. Doch ruhen sie zunächst, um sich zu entfalten, zu verhärten und auszufärben. Die Entfaltung der Fliege geht unter pumpenden Bewegungen des Hinterleibs vor sich, an denen die Stirnblase teilnimmt (*38*). Darauf folgt eine Kontraktion und Verhärtung des Körpers, unter Einziehung der Stirnblase. Die Dauer des ganzen Vorgangs ist individuell verschieden und liegt etwa zwischen $^1/_2$ und

2 Stunden. Dann ist das Tier flugfähig. Verhärtung und Ausfärbung sind damit jedoch nicht vollkommen abgeschlossen. Noch am Abend des Schlüpftages läßt sich die Kopfblase herausdrücken; diese Eigenschaft ist als Nachweis für jugendliches Alter der Fliegen verwendbar. Auch die Farbtiefe erreicht im Laufe des ersten Tages noch nicht den vollen Grad.

3. Ernährung.

Die Rübenfliegen beginnen bereits am Schlüpftage Nahrung aufzunehmen. Diese besteht, wie bei den Anthomyiden allgemein, wohl vornehmlich aus Kohlehydraten[1]. Im wesentlichen dürfte es sich um Zucker handeln, die, dem Bau der Mundwerkzeuge entsprechend, in Form pflanzlicher Ausscheidungen an Blüten und Blättern aufgenommen werden. So kann man die Fliegen oft an Blüten, im Frühjahr besonders an Umbelliferen, später an Rübenblüten, saugend antreffen. Auch die Oberfläche junger Blätter wird von ihnen abgeweidet und der austretende Saft verletzter oder von Blattläusen besiedelter Pflanzen aufgenommen[2]. Offenbar ist aber an derartigen Stellen der Vorrat an aufnehmbaren Kohlehydraten jeweils nur knapp, so daß die Fliegen zu ständiger Nahrungssuche gezwungen sind, um die für Betriebsstoffwechsel und Fortpflanzung notwendigen Mengen zu erhalten.

Jedenfalls gelang es im Laboratorium nicht, Rübenfliegen an verletzten oder an ständig gewechselten frischen Rübenblättern länger als wenige, im Höchstfalle 6, Tage am Leben zu erhalten. An mit Blattläusen besetzten Blättern blieben sie bis 3 Wochen lebend, bei Darreichung stärker konzentrierten Zuckerwassers aber maximal mehr als 10 Wochen[3].

Ob neben der Aufnahme von Kohlehydraten und Wasser noch die anderer Stoffe erforderlich ist, bleibt unentschieden. Eine wesentliche Reserve von Eiweißstoffen, Fetten und Salzen ist vom larvalen Aufbau her vorhanden. Trotzdem kann man die Fliegen beim Saugen an Stoffen beobachten, deren Kohlehydratgehalt kaum eine Rolle spielen dürfte[4]. Wieweit hierbei bloße Wasseraufnahme in Frage kommt, bleibe unentschieden[5].

4. Lebensraum, Lebensgrenzen und Lebensdauer.

Als Lebensraum der Rübenfliege ist, geographisch betrachtet, die offene Landschaft der nördlichen subtropischen, gemäßigten und sub-

[1] Über ihren Nachweis im Darminhalt vgl. *20*.

[2] Vgl. auch *58*.

[3] Zuckerdarreichung in fester oder flüssiger Form ist daher für die Rübenfliegenhaltung und -aufzucht im Laboratorium eine geeignete und vollkommen ausreichende Ernährungsmethode. Man muß im Laboratorium ferner berücksichtigen, daß bei der Aufnahme der Kohlehydrate in natürlicher Umgebung auch stets Wasser mitgesogen wird. Bei Zuckernahrung sterben durstende Tiere schneller ab als solche, denen man gleichzeitig Wasser reicht.

[4] In Einzelfällen an toten Insekten und Regenwürmern, Fleisch, Fleischbrühe, Vogelexkrementen, nie an Mist oder Säugerexkrementen, vgl. *20*.

[5] Über die Abhängigkeit der Eireifung von der Ernährung siehe S. 46.

arktischen Zone anzusehen, soweit sie Vegetation trägt. Selbst in höheren Gebirgslagen, wie z. B. auf den Hochebenen im Westen der Vereinigten Staaten, ist die Fliege heimisch. Auf Feldern, Wiesen, Rainen, Hecken, niedrigen Büschen ist im Frühjahr ihr Tummelplatz, im Sommer konzentriert sie sich hauptsächlich auf die Rübenfelder[1]. In jedem Falle sind Erde, niedrige Pflanzen und Luft die drei Dinge, zwischen denen, ökologisch betrachtet, der Lebensraum der Rübenfliege im wesentlichen sich ausspannt[2].

Von den Faktoren, welche in den Lebensablauf der erwachsenen Rübenfliege fördernd oder störend eingreifen, sei zunächst das Wasser genannt. Bei Regen sitzen die Vollkerfe auf der Unterseite von Blättern, wobei im Sommer die großen Flächen der Rübenblätter sicher besonderen Schutz gewähren. Stärkere und vor allem dauernde Regengüsse schädigen oder vernichten die Fliege aber unmittelbar, wie die große Mehrzahl der fliegenden Insekten, und beeinträchtigen ihre Fortpflanzungsgeschäfte[3].

Umgekehrt dürfte Trockenheit erst dann zu einer Schädigung der Rübenfliegenimagines führen, wenn ihre Nahrungspflanzen dadurch leiden, ein Fall, der aber wohl nur in aridem Klima in Frage kommt. Im übrigen ist warmes (etwa 20—30° C), trockenes, sonniges Wetter geeignet, die Aktivität der Fliegen aufs höchste zu steigern. Dann fliegen die Weibchen lebhaft von Pflanze zu Pflanze, um ihre Ernährungs- und Fortpflanzungsbedürfnisse zu befriedigen, und dann finden die lebhaften Spielflüge der Männchen statt, die zum Auffinden des Geschlechtspartners führen sollen. Die Flugleistungen der Tiere, sonst im Vergleich mit anderen bekannten Fliegenarten (z. B. der Stubenfliege) als gering zu bezeichnen, steigern sich bei günstiger Witterung in bezug auf Weite, Höhe und Schnelligkeit der Flüge ganz beträchtlich.

Durch das hier Erwähnte ist die der Feuchtigkeit in gewissen Grenzen gegenläufige Rolle der Temperatur im Leben der erwachsenen Rübenfliege bereits gekennzeichnet. Oberhalb etwa 32—33° C beginnt allerdings auch Erwärmung den Fliegen schädlich zu werden; bei 38—39° C tritt Wärmestarre ein, bei etwa 43° der Tod (*20*).

Bei ihrer Fähigkeit, Nahrung an den verschiedensten Pflanzen zu finden, dürfte die Ernährung für den Lebenslauf von *Peg. hyoscyami* im allgemeinen keinen begrenzenden Faktor darstellen.

Die häufigste Todesursache für die Rübenfliege bilden in unserem Klima sicher ihre Feinde aus der belebten Welt, vor allem Vögel, Raubfliegen und parasitische Pilze (*32*, *34*).

---

[1] Siehe S. 50.

[2] Vgl. *32*.

[3] Siehe S. 44.

Über die durchschnittliche Lebensdauer der Rübenfliege im Freien liegen naturgemäß keine unmittelbaren Beobachtungen vor. Doch kann man sie dann, wenn das Schlüpfen der Hauptmasse einer Generation während einer kurzen Zeitspanne erfolgt, aus dem Halbwert der Dauer der darauffolgenden Hauptflugzeit mit Annäherung errechnen. Auf diese Weise wurde in den Epidemiejahren 1924—1925 in Pommern ermittelt, daß die durchschnittliche Lebensdauer eines Vollkerfs von *Peg. hyoscyami* im Freien nicht viel mehr als 1 Woche beträgt (*20*). Die Beobachtungen in Schlesien ließen auf eine längere, 10—14tägige Lebensdauer schließen.

Die mögliche Lebensdauer ist natürlich viel größer. Sie scheint für Männchen etwas geringer zu sein als für Weibchen. Im Laboratoriumsversuch lebten 40 Männchen unter günstigen Bedingungen durchschnittlich 22,9, 108 Weibchen 27,8 Tage (*20*). Die maximalen, im Laboratorium erhaltenen Werte betrugen für Männchen 57, für Weibchen 76 Tage.

5. Sinnestätigkeit.

Wie bei allen Tagfliegen dürfte unter den Sinnen das Gesicht die überragende Rolle spielen.

Dafür sprechen schon die, besonders beim Männchen, verhältnismäßig großen Augen, die übrigens für die Anthomyiden allgemein kennzeichnend sind. Das Bildsehen dürfte nur wenig, das Bewegungssehen stark entwickelt sein; auch das ist nichts artlich Kennzeichnendes. Oft kann man beobachten, wie sitzende Männchen zur Zeit der Spielflüge mit großer Geschwindigkeit auffliegen, sobald ein anderes fliegendes Insekt in den Bereich ihres Sehraumes kommt. Und will man die Fliegen bei ihren Betätigungen beobachten, so heißt es, große Ruhe bewahren, da sie auch bei geringen Bewegungen in aktiven Zeiten schnell flüchten.

Infolge der überragenden Rolle des Gesichtssinnes übertrifft auch die Phototaxis alle anderen im Laboratorium zu beobachtenden Reaktionen auf Reize.

Die Fliegen sind dort so ausgesprochen positiv phototaktisch, daß sie aus nur einseitig geschlossenen Glaszylindern selten entkommen, wenn die (mit einem durchsichtigen Stoff) verschlossene Seite dem Lichte zugekehrt ist.

Selbst stärkste chemische Reize üben eine geringere Wirkung aus als der Lichtreiz[1]. Übrigens wird bei den Weibchen die positive Phototaxis zum Zweck der Eiablage in negative umgekehrt[2].

Wieweit die ausgesprochene Hinneigung der Rübenfliegen zu besonnten Stellen im Freien durch Licht- oder durch Wärmereize bedingt ist, läßt sich schwer entscheiden. Öfters kann man beobachten, daß die Tiere ihre Spielflüge im Sonnenschein mit Vorliebe über Sandflecken oder hellen Wegen ausführen.

---

[1] Legt man z. B. in das lichtzugewandte Ende eines Röhrchens einen mit Äther getränkten Wattebausch, so stürzen die Fliegen trotz höchster Geruchserregung unmittelbar in den Äther hinein.

[2] Siehe S. 47.

Abkühlung setzt die Aktivität der Fliegen, wie die aller Wechselwarmen, herab[1]. Nachts sitzen sie still, häufig an der Unterseite der Blätter, und sind auch bei starker Erschütterung ihrer Ruheplätze kaum flüchtig.

Chemische Fernorientierung muß in einem gewissen Grade vorhanden sein; darauf weist mit Wahrscheinlichkeit die Beobachtung, daß im Frühjahr unter den Wurzelresten des vorjährigen Rübenfeldes zur Schlüpfzeit diejenigen größere Ansammlungen von Rübenfliegen zeigten, die in alkoholische Gärung eingetreten waren (*20*). Doch muß sich eine solche Chemotaxis auf ganz bestimmte Geruchsreize beschränken; alle Versuche, die Fliegen durch bestimmte Gerüche experimentell anzulocken, sind bisher mißlungen. Eine anziehende Wirkung von Stalldünger wird behauptet (z. B. *172*), konnte aber von uns (*20*) nicht bestätigt werden.

Aufnahmeorgan für die Geruchsreize bei der Fernorientierung sind bei den Dipteren nach der allgemeinen Annahme die Fühler, und zwar besonders deren Endglied. Für die Nahorientierung sind sie jedenfalls nicht unbedingt notwendig; in Laboratoriumsversuchen lebten Weibchen mit amputierten Fühlern normal lange und legten entwicklungsfähige Eier ab (*20*).

Der Sinn der chemischen Nahorientierung scheint hauptsächlich im Rüssel lokalisiert zu sein (vgl. *123*). Dieser ist bei der Laufbewegung häufig ausgestreckt und tastet die Unterlage ab. Trifft er dabei auf irgendeine zur Ernährung dienliche Substanz, so tritt sofort Nahrungsaufnahme ein. Die Feststellung der Eignung eines Blattes zur Eiablage mag bei dieser Gelegenheit geschehen. Möglicherweise befinden sich auch an den Tarsen Chemorezeptoren (vgl. *123*). Häufig sieht man, wie hungrige Fliegen bei Betreten einer mit Zuckerwasser getränkten Fläche sofort den Rüssel ausstrecken. In anderen Fällen wieder tritt die Reaktion erst dann ein, wenn bei den häufigen Putzbewegungen die mit Zuckerwasser besudelten Beine den Rüssel streifen.

6. Fortpflanzung.

a) Zahlenverhältnis der Geschlechter: Beide Geschlechter der Rübenfliege sind in jeder Generation in etwa gleichen Mengen vorhanden (*100*). Regelmäßig durchgeführte Massenfänge ergaben z. B. in einem Fall 270 ♂♂, 256 ♀♀ der zweiten, 315 ♂♂, 322 ♀♀ der dritten Generation (*29*). Doch besteht die Mengengleichheit der Geschlechter nicht während der ganzen Flugzeit; stets überwiegen zuerst die Männchen, später die Weibchen an Zahl.

Man sieht daraus, daß offenbar die Entwicklung der Männchen im Puparium durchschnittlich etwas schneller verläuft als die der Weibchen[2]. Tatsächlich schlüpften auch im Laboratorium aus einer größeren Zahl von Puppen in den ersten beiden Tagen 124 = 47,0% ♂, 196 = 53,0% ♀, in den folgenden 130 = 32,8% ♂, 266 = 67,2% ♀ (*20*). Ein weiterer Grund für die Verschiebung des

[1] Siehe S. 41.

[2] Vgl. S. 44.

Mengenverhältnisses der Geschlechter während der Flugzeit liegt in der durchschnittlich kürzeren Lebensdauer der Männchen[1].

Gelegentlich findet man jedoch vom Verhältnis 1 : 1 weit abweichende Mengenanteile beider Geschlechter, die nicht ohne weiteres auf die eben erwähnten Umstände zurückzuführen sind. Derartige Beobachtungen sind z. B. zur Flugzeit der ersten Generation nicht selten und finden ihre Erklärung in dem besonderen Verhalten der Vollkerfe dieser Brut[2]. Im Einzelfall kann wohl auch ein unerwartetes Geschlechterverhältnis ausnahmsweise auf Einwanderung befruchteter Weibchen von übervölkerten Feldern zurückgeführt werden (*32*).

b) Kopulation: Unbefruchtete Weibchen legen zwar Eier ab; diese entwickeln sich jedoch nie weiter. Die Kopulation ist demnach ein für die Fortpflanzung der Rübenfliege notwendiger Vorgang.

Beide Geschlechter sind sofort nach abgeschlossener Entfaltung und Erhärtung zur Begattung und Befruchtung fähig (*20*). Dadurch

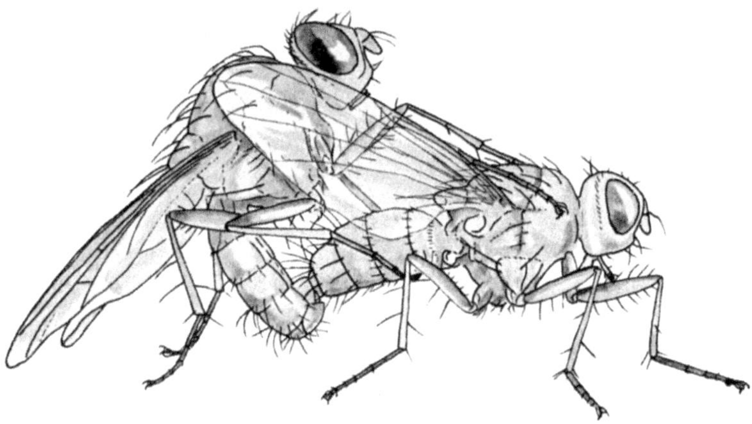

Abb. 19. Rübenfliegenpaar in copula. Vergr. etwa 7fach.

wird die Verschiedenheit in der Entwicklungs- und Lebensdauer final verständlich: Wenn die Hauptmasse der Weibchen erscheint, ist die Mehrzahl der Männchen schon zur Stelle, so daß die Begattung zum frühestmöglichen Zeitpunkt vollzogen werden kann. Da einmalige Befruchtung für die ganze normale Eierproduktion eines Weibchens ausreicht, ist eine längere Lebensdauer der Männchen nicht erforderlich.

Im Freien wird die Begattung freilich nicht immer unmittelbar nach dem Schlüpfen der Vollkerfe vor sich gehen. Die Begattungsbereitschaft muß durch günstiges Wetter ausgelöst werden. Bei trüber, kühler Witterung sitzen die Fliegen ruhig an Pflanzen u. dgl., ohne gegenseitige Annäherungsversuche zu machen. Nur bei warmem, sonnigem Wetter bringen die Männchen die große Aktivität auf, die sie als Ersatz für die

[1] Vgl. S. 42.

[2] Vgl. S. 53.

ihnen fehlende Fernorientierung brauchen, um ihre Geschlechtspartner zu finden, und die sich dann in der Form von „Luftjagden" oder „Lufttänzen" äußert (*64*). Demgemäß sind auch nach Flugperioden, die bei regnerischer Witterung ablaufen, stets große Prozentsätze tauber Eier als Folge fehlender Befruchtung zu beobachten.

Die Weibchen verhalten sich der Annäherung der Männchen gegenüber gewöhnlich zunächst ablehnend, lassen sich zu Boden fallen oder fliehen von Pflanze zu Pflanze, bis sie vom verfolgenden Männchen ergriffen werden. Auch dann noch sträuben sie sich gewöhnlich zuerst und suchen sich mit den Hinterbeinen wieder zu befreien. Das Erkennungsvermögen der Männchen ist schlecht; Kopulationsversuche an anderen Männchen sind sehr häufig.

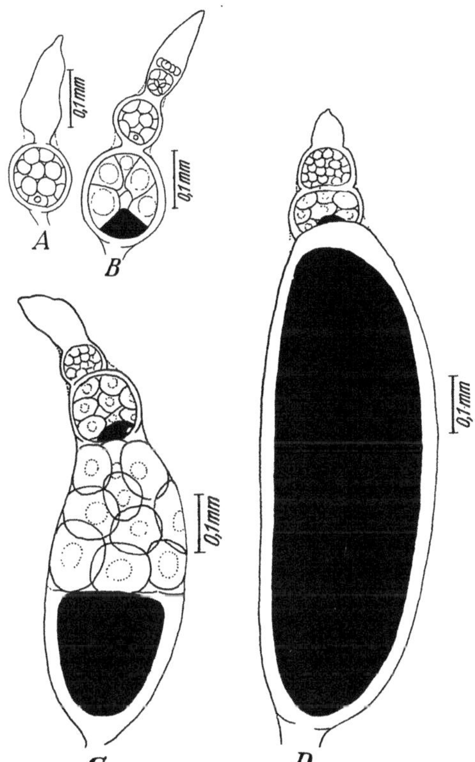

Abb. 20. Eischlauch von *Pegomyia hyoscyami* in verschiedenen Stadien der Entwicklung. Halbschematisch. *A* frisch geschlüpft, *B* nach 3 Tagen, *C* nach 5 Tagen, *D* nach 6 Tagen.

Über die Haltung beider Geschlechter beim Kopulationsvorgang unterrichtet Abb. 19[1]. Seine Dauer beträgt durchschnittlich 1—2, maximal über 3 Stunden (*20*) Beide Geschlechter sind zu mehrfacher Ausübung der Begattung fähig (*20*).

c) Eibildung: Unmittelbar nach dem Schlüpfen sind die beiden Eierstöcke des Weibchens noch unentwickelt (Abb. 20, *A*). Sie enthalten zu diesem Zeitpunkt eine individuell schwankende[2] Zahl von Eiröhren, deren jede wieder aus einem Eifach und einer Endkammer besteht. Das Eifach ist annähernd kugelig, hat einen Durchmesser von etwa 0,14 mm und enthält neben einer Eizelle eine größere Zahl von Nährzellen; beide sind der Form und Größe nach wenig voneinander verschieden.

Die weitere Entwicklung besteht in der Vergrößerung des Eifaches, insbesondere in der Längsrichtung, unter gleichzeitiger Anhäufung von

---

[1] Eingehende Beschreibung bei *38*.

[2] Siehe S. 46.

Dottersubstanz, und in der Abgliederung und Differenzierung weiterer Eifächer, innerhalb eines derselben in der Ausbildung der Eizelle und der Rückbildung der Nährzellen (Abb. 20, *B*—*D*). Die zur Ablage erstmals reife Eiröhre (Abb. 20, *D*) hat außer dem reifen Ei ein in Dotterablagerung begriffenes zweites und ein abgeschnürtes, aber noch nicht differenziertes drittes Eifach neben der Endkammer. Sämtliche Eifächer gleichen Alters entwickeln sich in der Regel gleich schnell; es wird also gewöhnlich ein ganzer Eischub auf einmal ausgebildet und normalerweise auch annähernd auf einmal abgelegt. Bei genügend langer Lebensdauer des Muttertieres besteht dann weiterhin die Möglichkeit zur Reifung und Produktion weiterer Eischübe[1].

Die als Inkubationszeit der Fortpflanzung zu bezeichnende Periode zwischen dem Schlüpfen des Weibchens und der ersten Eiablage hängt in ihrer Dauer von der Geschwindigkeit der Eireifung und dem Wirken von Reizen ab, welche die Ablage auslösen. Für die erstere ist außer der Temperatur[2] die Ernährung maßgebend: frischgeschlüpfte Weibchen enthalten eine große Fettreserve in Form frei flottierender rundlicher Zellen; diese vermindern sich rapide mit dem Einsetzen der Dotterablagerung; der Vorrat genügt jedoch nicht zur vollen Ausbildung der Eier, für welche vielmehr zusätzliche Ernährung von außen her, und zwar hauptsächlich durch Kohlehydrate, erforderlich ist (*20*). Der Eintritt der Begattung übt auf die Eireifung keine Wirkung aus (*20*).

Für die Auslösung der Eiablage bildet dagegen die Begattung einen bedingenden Reiz. Wenn die Eireifung beendet ist, beginnt die Eiablage stets unmittelbar oder kurze Zeit nach vollzogener Begattung, und zwar gleichgültig, ob diese zur Befruchtung geführt hat oder nicht (*20*). Unbegattete Weibchen beginnen spät mit der Eiablage und setzen diese nur zögernd fort.

Die Zahl der auf einmal ausgebildeten Eier (und damit wohl der Eiröhren) schwankt individuell in starkem Ausmaße; der Durchschnitt mag bei etwa 60 liegen; doch kommen auch kleinere und fast doppelt so große Mengen vor (*20*).

d) Eiablage: Von äußeren Vorbedingungen der Eiablage sind vor allem die Witterungsfaktoren Wärme, Licht und Trockenheit zu nennen. Durch schlechtes Wetter kann die Eiablage empfindlich gestört und verzögert werden, besonders im Frühjahr, wenn die kleinen Pflänzchen noch wenig Schutz vor Regen bieten (*32*, *100*). Ebensowenig wie bei Regen werden in den Dämmerungs- und Nachtstunden Eier abgelegt; ein Rückgang der Eiproduktion scheint schon bei sehr geringer Lichtverminderung einzutreten (*20*).

---

[1] Vgl. S. 48.

[2] Exakte Feststellungen fehlen.

Eine weitere Bedingung für Auslösung der Eiablage bildet das Vorhandensein geeigneter Wirtspflanzenblätter.

Wie sich die Weibchen hierbei orientieren, ist unbekannt; nach gewissen Beobachtungen zu schließen, spielen im Rüssel gelegene Sinnesorgane eine Rolle (*20*). Ablage auf ungeeigneten Blättern, die mit Rübenblattpreßsaft bestrichen waren, zu erzielen, ist im Versuch mißlungen (*20*).

An einer voll belaubten Rübenpflanze werden nur die entfalteten, dunkelgrünen, mit starker Oberhaut versehenen Außenblätter belegt, die hellgrünen Jugend- und vergilbenden Altersblätter gemieden. Auch kleine, neben bzw. unter größeren stehende Pflanzen im stark belaubten Rübenfelde erhalten wenige oder keine Eier. Da die Sterblichkeit der Junglarven in nicht voll assimilierenden Blättern sehr hoch ist, liegt die finale Bedeutung dieser Auswahl auf der Hand. Wenn im übrigen aus einem Bestand besonders herausragende, z. B. die größten unter jungen oder freistehende unter älteren Pflanzen besonders stark belegt werden, so rührt das wohl weniger von aktiver Auswahl her, sondern ist hauptsächlich durch die größere Wahrscheinlichkeit begründet, mit der solche Pflanzen von herumfliegenden Insekten getroffen werden. Im Frühjahr werden oft auch die kleinsten Keimlinge schon zur Eiablage benutzt (*100*).

Ein Instinkt, von Rübenfliegeneiern freie Blätter beim Brutgeschäft zu bevorzugen, ist nachweisbar. Befreit man eine Rübenpflanze ständig von den frisch abgelegten Eiern, so steigt die Gesamtzahl derselben auf ihr weit über den Durchschnitt des Bestandes (im Einzelfalle 1300 gegen 200) (*20*). Soweit nicht Übervermehrung der Fliegen zwangsläufig zu Überbelegung führt, steht die Stärke der Belegung von Pflanzen und Blättern im allgemeinen in Beziehung zu der für die Larven vorhandenen Nahrungsmenge. Kleine Pflanzen werden schwächer belegt als große, und an jungen Pflanzen bestehen die Einzelgelege aus weniger Eiern (1—2) als bei älteren (meist 3—6, bis zu 12).

Auch die Lage der Eier am Blatt scheint gewissen Regeln zu unterliegen. An Keimblättern findet man sie häufig längs der Hauptader, auch sonst fast stets in der Längsrichtung des Blattes angeordnet. Bei größeren Blättern wird die Randzone offenbar der Mitte vorgezogen. Bis auf wenige Ausnahmen werden die Eier auf der Unterseite der Blätter abgelegt, und zwar infolge negativer Phototaxis der legesüchtigen Weibchen (*20*). Auf der Oberseite findet man Eier nur an senkrecht stehenden Keimblättern, die durch ihre Stellung beschattet sein können, oder an tief gewellten oder umgeschlagenen Blatteilen. Der durch die normale Lage bedingte Schutz der Eier vor Einflüssen der Witterung und vielleicht auch der belebten Umwelt erweist sich bei starken Schlagregen im Frühjahr insofern als unvollständig, als gerade durch die von unten anspritzenden Wasser- und Erdteilchen Zerstörung und Abspülung der Eier eintritt.

Die zur Eiablage gewählte Stelle bestreicht das Weibchen zunächst unter Strecken und Zusammenziehen des Hinterleibes und gleitenden Bewegungen seiner Spitze mit einem klebrigglänzenden Sekret. Dann heftet es darauf die Eier, mit der Längsseite nebeneinander liegend, doch meist in der Längsrichtung etwas gegeneinander verschoben, an (siehe Abb. 2). Der ganze Vorgang dauert nur Sekunden; in einem Fall wurden auf ein Blatt in 20 Minuten an vier Stellen insgesamt 15 Eier abgelegt (*20*).

Die Gesamtzahl der von einem Weibchen produzierten Eier schwankt mit der Zahl der zur Ausreifung kommenden Eischübe[1] und infolgedessen mit der Lebensdauer. Ein einzelner Eischub dürfte aus durchschnittlich 60 Eiern bestehen. Im Maximalfall wird es demnach zu knapp 200 Eiern kommen[2]. Möglicherweise sind die späteren Schübe dem ersten an Lebens- und Entwicklungskraft nicht gleichwertig (*20*). Unbefruchtete Weibchen legen im ganzen weniger Eier, und zwar nicht in Schüben, sondern zögernd, in Einzelpartien ab.

E. Der Ablauf des jährlichen Generationszyklus.

1. Die Dauer des Entwicklungskreises.

Auf Grund von Laboratoriumsuntersuchungen (*20*) ist die Dauer des ganzen Entwicklungskreises der Rübenfliege bei mittleren Temperaturen etwa folgendermaßen anzusetzen (Tabelle 2).

Tabelle 2. Dauer des Entwicklungskreises von *Pegomyia hyoscyami*.

Stadium	Dauer in Tagen bei °C					
	15	17	18	20	23	28
Ei	5	4	4	3	3	2
Larve	19	13	12	11	10	9
Puppe	22	21	20	18	15	14
Präovipositionsperiode	8	7	7	6	5	4
Entwicklungskreis	54	45	43	38	33	29

Die Abhängigkeit von der Feuchtigkeit und von der Ernährung ist nicht im einzelnen bekannt.

Demnach schwankt die Dauer des Entwicklungskreises innerhalb der während der Sommermonate im gemäßigten Klima vorkommenden Durchschnittstemperaturen zwischen 1 und 2 Monaten. Diese im Versuch gewonnene Feststellung deckt sich im wesentlichen mit den Freilandbeobachtungen an den nicht überwinternden Generationen, deren Dauer mit 30—50, 35, etwa 36, 37, 38, 41, 43, 44, 45, 47, 48, 49, 52, 53, 54 Tagen bestimmt wurde (*28*, *29*, *38*, *87*, *88*, *89*, *96*).

[1] Vgl. S. 46.

[2] In 83 Laboratoriumszuchten durchschnittlich 51,6, maximal 191 (*20*).

2. Die Zahl der Generationen[1].

Die Rübenfliege ist ein polyvoltines (*85*) Insekt, d. h. sie ist nicht erblich auf eine bestimmte Generationenzahl im Jahre festgelegt. Infolgedessen ist diese Zahl abhängig von Außeneinflüssen, besonders von der Temperatur.

Daraus erklärt sich hauptsächlich die Verschiedenheit der diesbezüglichen Angaben in der Literatur, die zwischen 1 (*50*) und 6—7 (*153*) Generationen schwanken. Ordnet man diese Angaben nach der geographischen Breite, unter der die einzelnen Beobachtungen angestellt worden sind, so wird das sofort ersichtlich (Tabelle 3)[2].

Tabelle 3. Generationenzahl von *Peg. hyoscyami* in verschiedenen geographischen Breiten.

Beobachtungsgebiet	Grad nördl. Breite	Zahl der Generationen	Bezug auf Nr. des Schriftenverzeichnisses
California, U.S.A.	37	$\geqq 5$	79
New York, U.S.A.	43	$\geqq 4$	58
Normandie, Frankreich	49	3	42
Schlesien, Deutschland	51	3—4	87, 88, 89
Manchester, England	53	3	38
Pommern, Deutschland	54	3	28, 29, 100
Südschweden	56—59	2—3	96
Südnorwegen	58—60	2	148

Naturgemäß schwankt die Zahl der Generationen nicht nur mit dem Klima, sondern auch in der gleichen Gegend mit der Wetterlage der einzelnen Jahre. So wurden in dem kühlen Sommer 1924 in Pommern 3 Generationen beobachtet; 1925 erfolgte nach einem wärmeren Sommer noch ein schwacher 4. Flug (*29*).

Bisweilen kommt es zu erheblichen Überschneidungen der einzelnen Generationen, im allgemeinen sind sie jedoch deutlich voneinander getrennt[3].

3. Das besondere Verhalten der einzelnen Jahresgenerationen.

Der Jahreszyklus der Lebenserscheinungen läuft bei der Rübenfliege in großen Zügen folgendermaßen ab:

Aus den überwinterten Puppen schlüpfen die Vollkerfe nach genügender Erwärmung im Boden des vorjährigen Rübenfeldes. Sie suchen zur Fortpflanzung die jungen Rübenbestände auf. In den Rübenfeldern spielt sich sodann das ganze Leben der Sommergenerationen ab, und zwar bleibt die Nachkommenschaft normalerweise auf dem Felde, in

[1] Vgl. hierzu *32*.

[2] Wo in wärmerem Klima weniger Generationen angegeben werden, wie z. B. für Astrachan (47° n. B.) 2 (*181*) oder für Nordfrankreich (50° n. B.) 1—2 (*50*), kann angenommen werden, daß die Beobachter spätere Generationen wegen ihres schwachen Auftretens übersehen haben (*32*). Auch soll nach WILLCOCKS (zitiert nach BODENHEIMER, Die Schädlingsfauna Palästinas) eine Sommerruhe bei der Rübenfliege vorkommen (Ägypten).

[3] Vgl. S. 72.

welches die Stammutter im Frühjahr eingewandert ist[1]. Wenn mit einfallender Abkühlung im Herbst die Möglichkeit zu weiterer Fortpflanzung unterbunden wird, befinden sich die Tiere in überwiegender Mehrzahl im Puppenstadium. In diesem bleiben sie mehrere Monate lang unentwickelt liegen, um erst nach erneuter Bodenerwärmung im nächsten Frühjahr die Entwicklung zum Vollkerf und damit den Fortpflanzungszyklus wieder zu beginnen.

Man kann den letzteren somit in drei verschiedene Abschnitte zerlegen: die Frühjahrseinwanderung in das Rübenfeld, das Leben der Sommergenerationen auf diesem und die Überwinterung der letzten Generation[2].

a) Das Leben der Sommergenerationen auf dem Rübenfelde bietet gegenüber den besprochenen allgemeinen Lebenserscheinungen der Rübenfliege wenig Besonderheiten. Eier und Larve sind an bzw. in den großen, zu einer einheitlichen Laubmasse zusammengefügten Rübenblättern zu dieser Zeit bei einigermaßen normalem Witterungsverlauf dem Einfluß der Atmosphärilien wenig ausgesetzt, dagegen in steigendem Maße der Einwirkung von Feinden aus der belebten Umwelt (*32*). Gefahr für die Deckung des Nahrungsbedarfs der Larven tritt nur bei stärkster Übervermehrung ein; ist das Parenchym eines Blattes verzehrt, so gelingt es den sich ausbohrenden Blattmaden in kürzester Zeit, neue Nahrung zu finden. Die Entwicklung der Puppen geht ohne Einschränkung unter den oben aufgeführten Gesetzmäßigkeiten vor sich. Der Nahrungsbedarf der Vollkerfe kann auf dem Rübenfeld gedeckt werden; im allgemeinen brauchen sie dieses daher nicht zu verlassen. Obgleich die Familie der Anthomyiden oder Blumenfliegen diesen Namen trägt, weil ihre Angehörigen durch häufigen Blütenbesuch auffallen, ist die dazu gehörige *Peg. hyoscyami* im Sommer selten an blühenden Pflanzen außerhalb der Felder zu finden. Eine Ausnahme bilden die Blütenstände der Schosser im Rübenbestande, deren Nektarien häufig besucht werden. Diese Nahrungsquelle ist jedoch für die Gesamtmenge der auf einem Felde vorhandenen Fliegen sicher nicht ausreichend; die Hauptnahrungsquelle scheinen Aussonderungen junger Blätter und Blattstiele zu bilden (siehe oben S. 40). Als wesentlich festzuhalten ist, daß der auf dem Felde vorhandene Nahrungsvorrat in den Sommergenerationen zur Erhaltung des Lebens und für die Fortpflanzung ausreicht. Auch der ganze Vermehrungsvorgang einschließlich der Begattung spielt sich gewöhnlich auf dem Heimatfelde der Fliegen ab.

b) Die Überwinterung. Die sinkenden Temperaturen im Herbst ermöglichen den dann im Puppenstadium befindlichen Rübenfliegen nicht mehr, ihre Entwicklung abzuschließen; sie bleiben also auf diesem Stadium[3] je nach Dauer des Winters verschieden lange Zeit, im deutschen Klima 7—8 Monate lang, stehen. Soweit bietet die Überwinterung kein Sonderproblem. Daß ein solches trotzdem vorliegt, zeigt sich, wenn man die Puppen der letzten Herbstgeneration im geheizten Laboratorium durchzuzüchten versucht; sie bleiben dann trotz der für die Entwicklung

---

[1] Vgl. S. 53.

[2] Der zweite bildet das normale Erleben der überwiegenden Mehrzahl der Rübenfliege; er soll darum hier an erster Stelle stehen.

[3] Angeblich sollen auch bisweilen Vollkerfe überwintern (*56*).

ausreichenden Temperaturhöhe zu einem mehr oder minder hohen Prozentsatz, meist in überwiegender Menge, ebenso unentwickelt liegen wie ihre Altersgenossen, die im Freien der Winterkälte ausgesetzt sind. Die überwinternde Generation hat also die Fähigkeit, ihre Entwicklung auf einem bestimmten Stadium zu unterbrechen (*161*), es tritt eine Diapause oder „Latenzperiode" im Puppenstadium ein: *Peg. hyoscyami* ist eine heterodyname Art (*141*).

Die Zahl der „latenten" Puppen nimmt im Verlaufe des Winters ab, mit größter Wahrscheinlichkeit wird die Entwicklungsfähigkeit wie auch bei vielen anderen Insekten durch Frost ausgelöst.

Einzelbeispiel, Stralsund 1925 (*20*):

Puppen ins Laboratorium gebracht am	Nachgeprüft am	Weiterentwickelt		Nicht weiterentwickelt	
		Zahl	%	Zahl	%
22. VIII.—2. IX.	12. IX.—3. X.	21	24,1	66	75,9
6. XI.	24. XI.	19	52,8	17	47,2
1. XII.	15. I.	30	96,8	1	3,2

Der erste Frosttag war der 13. X., die erste zusammenhängende Frostperiode lag zwischen dem 11. und 20. XI.

Auch ohne Frosteinwirkung vermag in vielen Fällen die Entwicklung der Latenzpuppen von *Peg. hyoscyami* schließlich in Gang zu kommen. Da die Hemmung individuell sehr verschieden stark zu sein scheint, zieht sich das Schlüpfen in diesem Falle bei einer Puppenmenge über lange Zeit hin, im Gegensatz zu seinem schlagartigen Einsetzen und schnellen Verlauf bei einem dem Frost ausgesetzt gewesenen Bestande (*20*). Versuche, die Diapause durch andere, in gleicher Weise wie Frost entquellend wirkende Agentien zu durchbrechen, sind bisher mißlungen (*20*).

Über die Faktoren, welche die Diapause bedingen, ist nichts Sicheres bekannt. Ein „innerer Rhythmus" (*161*) dürfte bei der Rübenfliege als einem ausgesprochen polyvoltinen Insekt ausscheiden. Gewisse Anzeichen sprechen für eine Mitwirkung von Temperatur- und Ernährungsverhältnissen (*20*). Der Prozentsatz der im Herbst vorhandenen Latenzpuppen scheint mit der Witterung des Sommers zu schwanken[1]; im Laboratorium vorgetriebene Individuen der Herbstgeneration erzeugen dort eine Nachkommenschaft, die wieder vorwiegend Latenzpuppen liefert (*20*). Wieweit die im deutschen Klima gemachten Erfahrungen für andere Klimazonen gültig sind, bleibt nachzuuntersuchen.

Daß ein so eurythermes, auch dem subarktischen Klima angepaßtes Insekt wie die Rübenfliege unter Winterkälte wenig zu leiden hat, ist von vornherein einleuchtend. Tatsächlich hat sich bisher in unseren Breiten noch keine Abhängigkeit ihrer Massenentfaltung von der Winterwitterung gezeigt (*32*). Es ist zu bedenken, daß die Rübenfliege als Puppe, also in einem physiologisch gegen Außeneinflüsse wohl besonders unempfindlichen Stadium überwintert.

[1] Z. B. in Stralsund nach dem kühlen Sommer 1924 etwa 95%, nach dem warmen Sommer 1925 etwa 75%.

Dementsprechend dürfte die Angabe, daß die Rübenfliegenlarve zur Überwinterung größere Erdtiefen aufsucht als zur Erledigung des Puppenstadiums im Sommer (*129*), nicht den Tatsachen entsprechen. Die meisten Beobachtungen zeigen, daß die Rübenfliegenpuppen im Winter die gleiche Tiefenlage in der Erde aufweisen wie im Sommer (*20*).

Auch die Bodenstruktur scheint für das Gelingen der Überwinterung von nebensächlicher Bedeutung zu sein; darauf deutet schon die Tatsache, daß Rübenfliegenschäden auf Böden der verschiedensten Art auftreten. Ermittlungen über die Sterblichkeit der Winterpuppen in extrem leichten und schweren Böden haben keine wesentlichen Unterschiede ergeben (*20*).

Mit Wiedereinsetzen der Erwärmung beginnt in der Puppe die Entwicklung zur Imago. Die Beziehungen zwischen ihrer Geschwindigkeit und der Temperatur unterliegen denselben Gesetzmäßigkeiten wie im Sommer. Jedenfalls lassen sich die bei niederen Temperaturen erhaltenen Daten für die Entwicklungsdauer mit den bei größerer Wärme beobachteten zu einer ununterbrochen ansteigenden Kurve anordnen (Abb. 18). Dementsprechend dürfte die praktisch wertvolle Berechnung des zu erwartenden Erscheinungstermines der Fliegen im Frühjahr mit hinlänglicher Genauigkeit aus den oben[1] gemachten Angaben möglich sein, wonach die Entwicklung bei etwa 2° C einsetzt und bei einer effektiven Temperatursumme von 320° C beendet ist.

Folgende Beobachtungsreihen belegen die Richtigkeit dieser Annahme.

1. Stralsund 1925.
   5. V. Einsetzen des Schlüpfens der Rübenfliege.
   11. V. Maximum desselben.
   11/12. V. 320° C effektive Temperatursumme erreicht im Mittel der Beobachtungsdaten in 0 und in 25 cm Erdtiefe, gerechnet ab 1. I.[2].
2. Aschersleben 1930.
   26. IV. 320° C (wie oben) erreicht in 2 cm Tiefe.
   28. IV. Das erste einzelne Rübenfliegenei beobachtet.
   1. V. Die ersten Rübenfliegen gefangen.
   4. V. 320° C (wie oben) erreicht in 10 cm Tiefe.
   5. V. Einsetzen verstärkter Eiablage.

Praktisch wäre diese Berechnung so durchzuführen, daß man ab 1. I. diejenigen Bodentemperaturen in 2—4 cm Tiefe, welche 2° C überschreiten, unter Abzug von je 2° zusammenzählt; dann ist der erste Flug zu erwarten, sobald eine derartige Addition 320° C ergeben hat.

Voraussetzung für das Verfahren ist, daß eine Abkühlung unter 2° C die Entwicklung einfach unterbricht, so daß Kälterückschlagsperioden nur ausgelassen zu werden brauchen. Das trifft nach den bisherigen Beobachtungen zu (*20*, vgl. auch *69*). Auch auf die Sterblichkeit der Winterpuppen üben Kälterückschläge keinen Einfluß aus (*20*). Dagegen scheint es, als ob längere Unter-

[1] S. 38.

[2] Der 1. I. wurde als Ausgangspunkt der Berechnung gewählt, weil anzunehmen ist, daß etwa zu diesem Datum die Diapause bei der überwiegenden Mehrzahl der Puppen beendet ist, und andererseits bei den um diese Zeit herrschenden tiefen Temperaturen die Entwicklung noch nicht eingesetzt hat.

brechungen der Entwicklung durch Kälte die Folge der Schlüpftermine in einem Puppenbestand etwas in die Länge ziehen (*20*, vgl. auch *69*).

Phänologisch läßt sich nach den bisherigen Erfahrungen das Erscheinen des ersten Fluges im deutschen Klima mit dem Beginn des vollen Erblühens der Süßkirschen (*Prunus avium* L.), der Anfang der Eiablage mit dem Aufblühen der Roßkastanien (*Aesculus Hippocastanum* L.) etwa festlegen.

c) Die Frühjahrseinwanderung der Rübenfliegen auf das Rübenfeld. Von der überwinternden Generation von *Peg. hyoscyami* schlüpft die Mehrzahl der Vollkerfe auf dem Felde, das im vorhergehenden Jahre Rüben getragen hat. Zur Schlüpfzeit wird dieses unter deutschen Verhältnissen gewöhnlich Jungpflanzen einer anderen Feldfrucht, in den meisten Fällen von Sommergetreide, tragen. In dieser Umgebung findet die Rübenfliege nicht ausreichende Nahrung und keine Gelegenheit zur Fortpflanzung. Im Gegensatz zu den Sommerbruten ist also die Frühjahrsgeneration zur Abwanderung und Suche nach Nahrung und Wirtspflanzen für die Nachkommenschaft gezwungen.

Analysiert man die bei dieser Wanderung vorliegenden Verhältnisse durch regelmäßig durchgeführte Massenfänge (*20*, vgl. auch S. 71), so findet man folgende Besonderheiten: Es sind auf einem Rübenfelde im Frühjahr immer erheblich weniger Rübenfliegen anzutreffen, als kurz vorher auf einem benachbarten vorjährigen Rübenschlage. Diese Erscheinung wird zunächst naturgemäß begründet durch den Abgang von Stücken, welche während der Überwanderung insektenfressenden Tieren und anderen Außeneinflüssen zum Opfer gefallen sind. Da aber die Fliegen auf dem diesjährigen Rübenfelde fast durchweg Weibchen, die auf dem vorjährigen überwiegend Männchen sind, läßt sich weiterhin schließen, daß ein großer Teil der Männchen am Schlüpforte verbleibt und dort die Begattung vollzieht. An der Abwanderung beteiligen sich in der Hauptsache Weibchen. Daneben findet man beide Geschlechter häufig an Blütenständen, vor allem von Umbelliferen, an Hecken, Grabenrändern usw. bei Nahrungsaufnahme und Liebesspielen.

Die Notwendigkeit einer herumschweifenden Lebensweise ergibt sich zu dieser Zeit ohne weiteres aus der Knappheit der zur Verfügung stehenden Nahrung. Die meisten Pflanzen stehen im Beginn ihrer Laubentfaltung, die Rüben, die spätere Hauptnahrungsquelle, zum großen Teil noch im Keimlingsstadium. So sind die Fliegen gezwungen, Futter aufzunehmen, wo sie es finden; man sieht sie überall mit dem Rüssel junge Sprosse, Blätter und Stengel abtupfen, wobei sie offenbar noch halbflüssige Sekrete der Pflanzen zu sich nehmen. Auch das betrifft wieder hauptsächlich die Weibchen, deren Nahrungsbedarf zur Eiausbildung viel größer ist als der der Männchen, welche auch ohne jede Ernährung ihre geschlechtlichen Funktionen voll erfüllen können. Der letztere Umstand macht wieder erklärlich, daß die Männchen sich auf dem vorjährigen Rübenfelde zeitweilig halten können. Eine Kohlehydratquelle von einiger Bedeutung finden sie in den von der Ernte her liegengebliebenen Rübenwurzeln; diese bilden besonders dann einen Anziehungspunkt für die Rübenfliegen, wenn sie abgestorben und in alkoholische Gärung übergegangen sind. Derartige schwach duftende Stücke werden, besonders von den Männchen, zahlreich besucht.

Auf dem Rübenfelde finden sich schließlich fast nur vollernährte, legereife Weibchen ein.

III. Die Parasiten und räuberischen Feinde der Rübenfliege.

A. Die echten Parasiten der Rübenfliege.

1. Eiparasiten.

Die Eier der Rübenfliege werden, soweit bisher bekannt, nur von den Chalcidiern *Trichogramma evanescens* und *Trichogramma minutum* belegt. Beide Arten sind fakultative Parasiten von *Peg. hyoscyami* und spielen in dem Massenwechsel der Fliege bisweilen, aber stets nur vorübergehend, eine bedeutende Rolle. Die ungleich schnellere Entwicklung dieser Wespen läßt eine Anpassung an den Generationsverlauf der Rübenfliege nicht zu. Sie sind sehr hinfällig und vornehmlich an geschützten Örtlichkeiten häufig, die möglichst wechselnden Pflanzenbestand aufweisen und damit für die „pantophagen" Tiere reichliche Gelegenheit zum Wirtswechsel bieten. Diesen Bedingungen genügt das Rübenfeld in der Regel nicht.

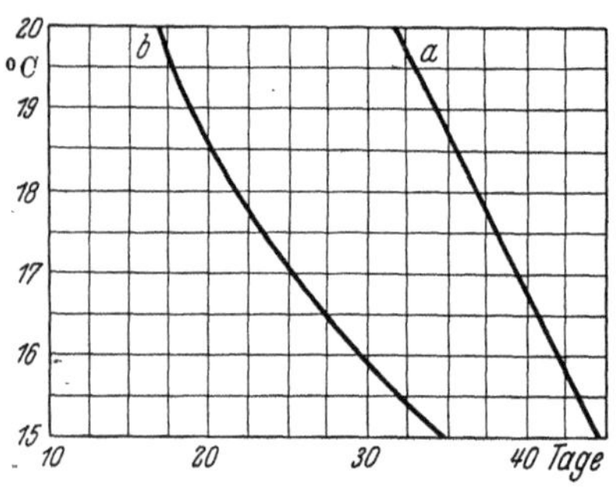

Abb. 21. Temperaturabhängigkeit der Entwicklung von *Pegomyia hyoscyami* (*a*) und *Trichogramma evanescens* (*b*).

Die meisten bisherigen Beobachtungen über das Auftreten von *Chalcidiern* in Rübenfliegeneiern betreffen *Trichogramma evanescens* Westwood. Die Art wurde aus Eiern der Rübenfliege zuerst 1924 in Schweden gezogen (*96*). Damit wurde bereits ihr 66. Wirt nachgewiesen (*68*). Diese Beobachtungen betreffen vermutlich die zweite Generation von *P. hyoscyami*. Im Höchstfalle waren von 287 Eiern 143 = 49,83% parasitiert. In Deutschland wurde bisher ein Befall ebenfalls vornehmlich in der zweiten und dritten Generation (Pommern 1925; Schlesien 1926 und 1927) festgestellt (*34*). Nur einmal konnten vereinzelt auch parasitierte Eier während der ersten Flugzeit beobachtet werden (Schlesien 1928). 1925 waren bei Stichproben auf den Rübenfeldern während der zweiten Flugzeit der Rübenfliege in Pommern etwa 30 und in Schlesien gegen 20% befallen.

Wie wenig *Tr. evanescens* und *Peg. hyoscyami* in der Folge ihrer Generationen aufeinander abgestimmt sind, geht aus der vorstehenden, aus Laboratoriumsversuchen gewonnenen Kurve hervor (*34*), welche die Abhängigkeit der Entwicklungsgeschwindigkeit beider Tiere von der Temperatur wiedergibt (Abb. 21).

Im Freiland rücken die Entwicklungszeiten beider Insekten noch mehr auseinander, da die Rübenfliege einen Reifungsfraß von etwa 1 Woche durchmacht, der Chalcidier aber sofort nach dem Schlüpfen größte Fortpflanzungsfähigkeit besitzt (*149*). Trichogrammisierte Rübenfliegeneier verfärben sich blaugrau,

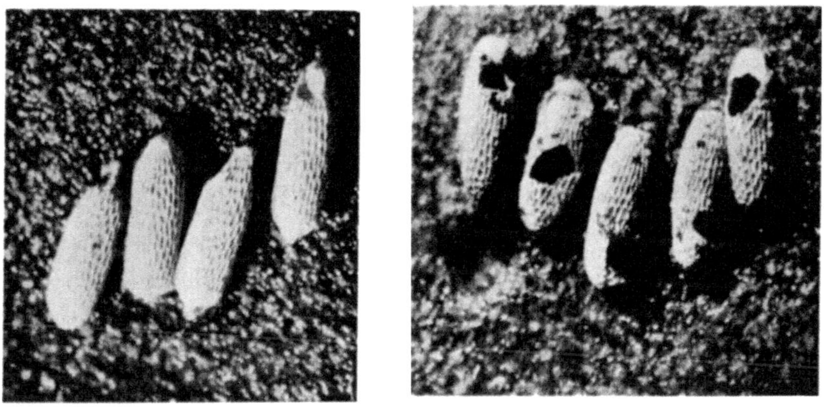

A *B*

Abb. 22. Rübenfliegeneier mit *Trichogramma evanescens* *A* vor, *B* nach dem Schlüpfen des Schmarotzers. Vergr. etwa 30 fach. (Nach KEMNER.)

sinken an einem Ende ein und sind schließlich an dem Schlüpfloch der Wespe zu erkennen (Abb. 22).

Tr. minutum RILEY ist bisher nur in Nordamerika aus Eiern der Rübenfliege gezogen worden (*58*). Da keine Angaben über die Höhe des Parasitierungsgrades vorliegen, scheint die Art nur in geringer Zahl vorhanden gewesen zu sein. Wie *Tr. evanescens* kommt auch *Tr. minutum* in sehr vielen anderen Insekteneiern vor[1].

2. Larven- bzw. Puppenparasiten.

a) Hymenopteren.

α) Chalcidier.

Decatoma betensis DECAUX wurde von DECAUX (*49*) in Nordfrankreich erzogen.

Eupteromalus gentilis FÖRST. (det. BOLLOW) erhielten wir in etwa 20 Exemplaren (meist mehrere aus einer Puppe) aus Rübenfliegenpuppen. Es handelt sich nach BOLLOW vermutlich um Hyperparasiten.

Lamprotatus spec. (det. BISCHOFF), ein ziemlich großer Chalcidier, schlüpfte aus Zuchten holländischer, schlesischer und vor allem süddeutscher Herkunft.

Weiterhin sind einige Formen zu nennen, deren Zugehörigkeit zur Rübenfliege nicht ganz gesichert erscheint, weil sie aus Massenzuchten von Puppen stammen, bei denen die Kontrolle jedes einzelnen Stückes nicht möglich war. Es handelt sich um *Eutelus* spec. und *Polycystus scapularis* THOMS.

[1] MARTIN (*119*) nennt 150 Wirte.

β) Proctotrupiden.

In schlesischem Material schlüpften 1925 einmal aus einer Puppe 12, zweimal je 11 Proctotrupiden. „Die Art entspricht der *Trichopria lonchaearum* KIEFF.“ (SCHMIEDEKNECHT in lit.).

1929 erhielten wir aus 2 Puparien 8 weitere Exemplare, die einer noch unbeschriebenen Art der Gattung *Trichopria* angehören[1].

γ) Braconiden.

αα) Gattung *Phaenocarpa* FÖRSTER.

Phaenocarpa pegomyiae MARSHALL wurde nach MARSHALL (*118*) bei Amiens (Frankreich) gezogen.

ββ) Gattung *Apanteles* FÖRSTER.

Apanteles congestus NEES ist nach RAMBOUSEK in Böhmen Parasit der Rübenfliege (*128*) und *Apanteles trachynotus* VIER. nach SMITH und DICKERSON (*154*) in New-Jersey (U.S.A.). GAHAN (in lit.) hält diese Angaben für irrtümlich, da Vertreter der Gattung *Apanteles* bisher nur als Parasiten von Lepidopterenlarven bekannt geworden sind.

γγ) Gattung *Microgaster* LATREILLE.

Ein Männchen von *Microgaster carinatus* BENGTSSON nov. spec. (*7*) zog KEMNER 1925 bei Stockholm.

δδ) Gattung *Aspilota* FÖRSTER.

Aspilota betae BENGTSSON nov. spec. und *Aspilota Kemneri* BENGTSSON nov. spec. je in einem Stück aus Material von Karlshamn (Schweden) (*7*).

εε) Gattung *Alysia* LATREILLE.

1851 wurde von GOUREAU (*63*) *Alysia picta* GOUREAU als Parasit von *Peg. ätriplicis* = *Peg. hyoscyami* gezogen und beschrieben. Abbildung und Beschreibung sind jedoch unvollkommen und stimmen mit derjenigen von *Opius nitidulator* NEES weitgehend überein.

Aus Puppen schlesischer Herkunft zogen wir vereinzelt *Alysia divergens* BENGTSSON nov. spec. (*7*)[2].

ζζ) Gattung *Opius* WESMAEL.

Die Wespen dieser Gattung beteiligen sich zwar zahlenmäßig recht verschieden stark an der natürlichen Bekämpfung der Rübenfliege; im ganzen spielt aber die Gattung der Artenzahl und geographischen Verbreitung, in manchen Gegenden auch der Individuenzahl nach, die erste Rolle.

KEMNER zog 1925 in Schweden je ein Exemplar von *Opius betae* BENGTSSON nov. spec. (*7*) (Experimentalfältet), *Opius sylvaticus* HALIDAY (Karlshamn) und *Opius procerus* WESMAEL, einer Art, die schon BRISCHKE (*36*) bei Danzig aus *Peg. nigritarsis* ZETT. erhielt.

Opius anthomyiae ASHMEAD ist nur in Nordamerika[3] als Parasit der Rübenfliege bekannt geworden, hat dort aber bisher keine besondere Bedeutung erlangt.

---

[1] Nach HEDICKE, der auch die weitere Bestimmung freundlichst übernommen hat, hat diese Art mit *Tr. lonchaearum* KIEFF. nichts zu tun.

[2] Massenmaterial, nicht ganz gesichert.

[3] In New-Jersey nach SMITH und DICKERSON (*154*), in New-York nach GAHAN (in lit.).

Opius (*Diachasma*) *Bremeri* BENGTSSON nov. spec.[1] wurde von uns 1924 und 1925 erstmals aus Puppen von *Peg. hyoscyami* gewonnen. In Vorpommern war er selten und nur in Schlesien zeitweilig etwas häufiger. In einer kleinen Zucht mitteldeutscher Herkunft (Provinz Sachsen) schlüpfte die Wespe allerdings zu 25%. Da sie uns in den Jahren 1926—28 nur vereinzelt wieder begegnete und auch in außerdeutschen Ländern von ihr niemals die Rede war, scheint ihre Bedeutung im allgemeinen nicht groß zu sein[2].

Opius carbonarius (NEES) THOMSON = *Opius Wesmaelii* HALIDAY kam ebenfalls nur gelegentlich als Schmarotzer der Rübenfliege in Schweden (*7*) und Vorpommern (*34*) vor. Bei BRISCHKE (*36*) erschien diese Art in Zuchten von *Peg. nigritarsis* ZETT.

Opius foveolatus ASHMEAD war die einzige Parasitenart, die CORY (*47*) bei seinen zweijährigen Untersuchungen über die Rübenfliege in Maryland (U.S.A.) erhielt. Da die Wespe nicht in genügender Zahl auftrat, glaubte er auch nicht, daß sie als ernsthafter Feind von *Peg. hyoscyami* anzusprechen sei. GAHAN (in lit.) gibt an, daß *O. foveolatus* in Nordamerika verbreitet ist.

Opius vittatus RUSCHKA und FULMEK (*142*) ist nur einmal als Parasit der Rübenfliege 1914 in Mähren erzogen worden.

Opius testaceus WESMAEL ebenfalls von RUSCHKA und FULMEK 1904 erhalten (*142*), und zwar aus der Nähe von Wien. Diese Art kommt[3] in Großbritannien, Belgien, Holland und auf Java vor und soll von ENOCK aus der Trypetide *Gonyglossum Wiedemanni* MG. gezogen worden sein[4].

Opius pegomyiae GAHAN besitzt nachweislich einen größeren Bekämpfungswert wenigstens in Nordamerika, während die bisher aufgeführten *Opius*-Arten bei der natürlichen Bekämpfung der Rübenfliege im allgemeinen nur eine untergeordnete Rolle spielen. In den Vereinigten Staaten ist *O. pegomyiae* weit verbreitet und stellenweise sogar häufig[5]. HAWLEY (*70*) fand in Utah (U.S.A.) Puppen der ersten Generation bis zu 80% von dieser Wespe befallen und vermutet, daß sie dort alljährlich zahlreich auftritt und eine Übervermehrung der Rübenfliege oft im Keime erstickt.

Opius ruficeps WESMAEL[1] scheint in allen wichtigen rübenbauenden Ländern Europas vertreten zu sein, allerdings bisher nur in kleinen Mengen. Die meisten Angaben liegen für Deutschland vor. BRISCHKE (*36*) zog ihn bei Danzig aus Puppen von *Peg. hyoscyami*. In unseren Zuchten trat er jederzeit, allerdings immer in relativ geringer Zahl auf (*34*, *92*).

Opius spinaciae THOMSON[1] ist zuerst aus Schweden durch THOMSON (*164*) bekannt geworden, der ihn als Parasiten der „Spinatfliege“, also

[1] Farbige Abbildung bei *34*.

[2] Massenzuchten mitteldeutscher Herkunft ergaben für das Jahr 1929 und 1930 allerdings wieder ein sehr starkes Auftreten dieser Braconide (vgl. *92*).

[3] Nach v. DALLA-TORRE (*50*).

[4] Nach MARSHALL (*118*).

[5] GAHAN (in lit.).

wohl von *Peg. hyoscyami* beschreibt. Auch in Deutschland scheint diese Wespe allgemein verbreitet zu sein. Wir erhielten sie regelmäßig in unseren Zuchten norddeutscher (Pommern), mitteldeutscher (Sachsen, Brandenburg) und ostdeutscher (Schlesien, Ostpreußen) Herkunft in meist geringer Zahl. Nur einmal ergab eine kleine Zucht aus Mitteldeutschland eine Parasitierung mit *O. spinaciae* von 50% [1].

Opius nitidulator NEES [2] ist ein Parasit der Rübenfliege, der eine große geographische Verbreitung in Europa besitzt und gleichzeitig wiederholt entscheidend in die Vermehrung seines Wirtes eingegriffen hat. Bekannt ist er aus Schweden, Deutschland, Großbritannien (*50*), Böhmen (*169*) und mit Wahrscheinlichkeit aus Frankreich [3]. In Schweden fand ihn KEMNER (*96*) von allen Parasiten am häufigsten, ebenso CAMERON (*38*) in England. Daß er in Böhmen ständig vorhanden ist und sich mehr als andere Parasiten an der dauernden Niederhaltung seines Wirtes beteiligt, geht aus den Berichten des Böhmischen Forschungsinstitutes für Zuckerrübenbau in Prag für die Jahre 1903—1917 eindeutig hervor (*171*). In Deutschland hat *O. nitidulator* allerdings nie eine derartige Bedeutung gewonnen. Hier war nach unseren Untersuchungen von den Braconiden zweifellos *O. fulvicollis* THOMS. der wichtigste [4]. Nur selten, wie z. B. 1926 in Pommern und 1929 in Ost- und Westpreußen, stand *O. nitidulator* zeitweise zahlenmäßig an der Spitze aller Rübenfliegenparasiten.

Opius fulvicollis THOMSON [2] hat sich neben der Ichneumonide *Phygadeuon pegomyiae* bisher bei weitem als der häufigste Parasit von *Peg. hyoscyami* in Deutschland erwiesen [5].

In außerdeutschen Ländern hat er dagegen nicht entfernt die Bedeutung erreicht wie bei uns. THOMSON fing und beschrieb ihn 1895 in Südschweden. Auch KEMNER (*96*) konnte ihn bei seinen 1924 durchgeführten Beobachtungen in Schweden wieder antreffen. Für Nordamerika beschrieb ihn GAHAN (*61*) zunächst als *Opius cupidus*, stellte aber später dessen Identität mit *O. fulvicollis* fest.

Da über die anderen Rübenfliegenparasiten aus der Gattung *Opius* nur wenig biologische Daten vorliegen, sollen nachstehend diese Fragen für *Opius fulvicollis* besonders berücksichtigt werden [6].

Der Parasit befreit sich aus dem in der Erde ruhenden Puparium seines Wirtes durch ein selbstgenagtes Loch. Das Schlüpfen geht in der Regel in den

---

[1] 1930 konnte diese Wespe auch aus Puparien holländischer Herkunft von uns gezogen werden. In Deutschland war sie in diesem Jahre an vielen Stellen der wichtigste Parasit der Rübenfliege.

[2] Farbige Abbildung siehe *34*.

[3] CARPENTIER zog ihn nach MARSHALL (*118*) aus einer Mine in *Atriplex hastata*, die allerdings *Heliodines rosella* L. zugeschrieben wurde.

[4] Siehe auch SCHANDER u. GÖTZE (*146*).

[5] Über das Vorkommen von *O. fulvicollis* in den einzelnen Jahren und Landstrichen siehe *34*, *90*, *92*.

[6] Weitere Einzelheiten siehe bei *34*.

frühen Morgenstunden vonstatten (*26*). Entfaltung, Erhärtung und Ausfärbung nehmen nur kurze Zeit in Anspruch. Beide Geschlechter erscheinen begattungs- und fortpflanzungsreif. Selbst nicht begattete Weibchen schreiten zur Ablage von Eiern, aus denen normale Larven entstehen. Die Männchen schlüpfen eher als die Weibchen. Deshalb überwiegen zu Anfang der Flugzeit einer Generation die Männchen stark an Zahl, während gegen Ende das Verhältnis sich oft umkehrt.

O. fulvicollis hat, wie die Rübenfliege, in Deutschland jährlich drei Generationen. Eine klare Trennung dieser Perioden ist nicht immer möglich, da Entwicklungszeit und Lebensdauer weitgehend von der Witterung abhängig sind, und die Flugzeitkurven der einzelnen Generationen sich infolgedessen sehr oft überschneiden.

Die Anpassung an den Lebenslauf der Rübenfliege kann nicht als vollkommen bezeichnet werden. Die Larven von *Peg. hyoscyami* werden in ihren Blattminen (seltener im zweiten, vor allem im dritten Stadium) belegt. Um volle Vermehrungsmöglichkeit zu haben, müßten deshalb die Parasitenweibchen fliegen,

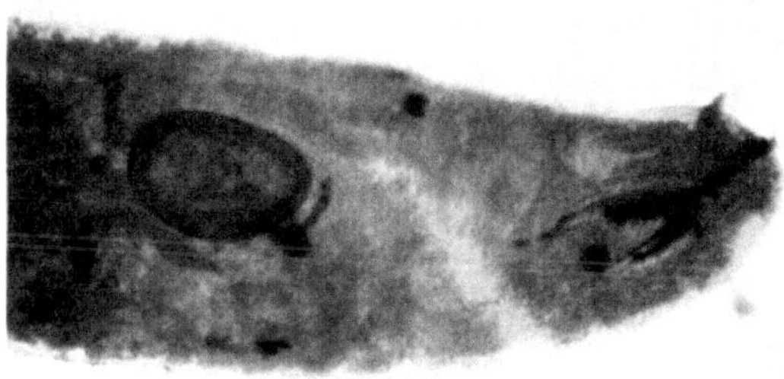

Abb. 23. Parasitenembryo mit infiltrierter und dadurch abgekapselter Eihülle im Innern einer Larve von *Pegomyia hyoscyami*. Vergr. etwa 60fach.

wenn die Mehrzahl der Wirtslarven der zugeordneten Generation sich in den Blättern befindet. Diese Bedingung ist im deutschen Klima oft nicht erfüllt worden. In der Regel kamen die Parasiten zu spät, nämlich zu einer Zeit, als der Höhepunkt der Larvenfraßzeit schon überschritten war. Die Ursache dafür ist in der verschiedenen Entwicklungsgeschwindigkeit zu suchen, mit der Wirt und Parasit auf eine gegebene Temperatur reagieren. Nur innerhalb eines ganz bestimmten, bei uns selten verwirklichten Intervalls derselben verläuft die Entwicklung von *O. fulvicollis* mit einer für seine Vermehrung günstigen Geschwindigkeit (vgl. auch S. 75, Abb. 27).

Nach dem Bau seiner Ovarien, die sich aus vier Eischläuchen zusammensetzen, ist *O. fulvicollis* befähigt, vom Tage des Schlüpfens an in regelmäßigen kurzen Zeiträumen Eier abzulegen. Da die Tiere einige Wochen leben (in der Zucht bei Ernährung etwa 5 Wochen), ist wenigstens hierdurch für sie eine gewisse Möglichkeit vorhanden, bei nicht zeitgerechtem Erscheinen Tage mit ungünstiger Witterung oder nicht ausreichender Fortpflanzungsmöglichkeit zu überdauern. Die Gestalt und Größe der reifen Eier zeigt Abb. 23.

Bei der Fortpflanzung lassen sich, abgesehen von der Begattung, drei Vorgänge unterscheiden, die auch in der Zucht leicht zu beobachten sind: das Aufsuchen der Larve, der Stechakt und der Legeakt. Die Blätter werden mit den

Fühlern abgetastet. Wird hierbei eine noch frische Mine angetroffen, so setzt, unabhängig davon, ob sie noch von einer Larve bewohnt ist oder nicht, die Stechreaktion ein. Immer wieder wird an verschiedenen Stellen mit angezogenem und aufwärts gebogenem Hinterleib der Legestachel in die Mine versenkt und sofort wieder emporgezogen. Erst wenn auf diese Weise das Vorhandensein einer Larve festgestellt ist, kann es zum eigentlichen Legeakt, d. h. zur Ablage eines Eies in die Larve, kommen. Bisweilen werden auch Maden angestochen aber nicht belegt. Ebenso kann eine Larve nacheinander mit mehreren Eiern belegt werden. Der Legeakt vollzieht sich in etwa $^1/_2$ Minute. Die angegriffene Larve versucht

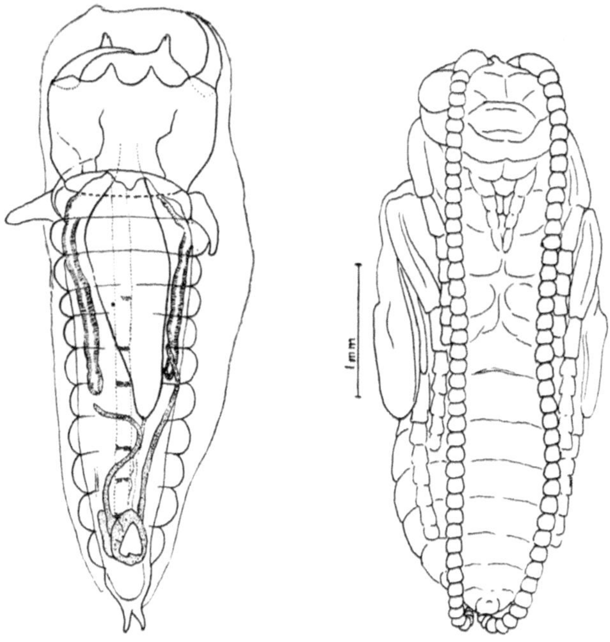

Abb. 24. Abb. 25.

Abb. 24. Larve von *Opius fulvicollis* THOMS. „Zyklopoid“-Stadium. Vergr. etwa 55fach.
Abb. 25. Nymphe eines *Opius*.

in der Regel, sich durch lebhafte Bewegungen dem Angriff zu entziehen und verläßt unter Umständen sogar ihre Mine.

In einer Rübenfliegenlarve vermag immer nur ein Parasit der Gattung *Opius* heranzuwachsen. Sind mehrere vorhanden, so sterben alle bis auf einen ab. Der tote Fremdkörper wird durch Ausscheidungen mehr oder weniger eingekapselt. Bei mikroskopischer Untersuchung oder Präparation findet man derartige „Mumien“ aller Stadien bisweilen auch dann, wenn nur ein einziger Parasit vorhanden war (Abwehrreaktion des Wirtskörpers?) (vgl. auch Abb. 23).

Beim Legeakt scheint *O. fulvicollis* das Ei wahllos an irgendeiner zufällig getroffenen Stelle in den Larvenkörper einzusenken. Jedenfalls findet man die Parasiteneier beim Öffnen der Maden in den verschiedensten Regionen.

Die Form, Größe und Organisation der jungen *Opius*-Larve gibt Abb. 24 wieder. Die madenähnlichen Altlarven haben den bekannten Habitus der Braconidenlarven. Das Stadium der mit Augenflecken versehenen Vorpuppe leitet zu dem der Nymphe über (Abb. 25).

δ) Ichneumoniden.

In Zuchten schlesischer Herkunft aus den Jahren 1929 und 1930 erschien gegen Ende des Jahres eine flügellose *Ichneumonide* vereinzelt und nur in weiblichen Exemplaren. Herr Prof. BISCHOFF, dem auch diese Tiere vorgelegen haben, bestimmte sie als zur Gattung *Pezomachus* gehörig, 1930 schlüpften einige Stücke auch aus Puparien, die der holländischen Zuckerfabrik Zevenbergen entstammten.

Aus dieser Familie ist im übrigen nur ein Vertreter als Parasit der Rübenfliege in Deutschland bekannt; diesem kommt allerdings besondere epidemiologische Bedeutung zu:

Phygadeuon pegomyiae HABERMEHL nov. spec. (*66*)[1] wurde als Parasit der Rübenfliege in allen Rübenbaugebieten des Reiches festgestellt[2]. Es ist als ziemlich sicher anzunehmen, daß er noch bei einer Reihe anderer Fliegen als Parasit vorkommt[3].

In manchen Zügen seiner Lebensweise (Aufenthaltsort, Vermehrungsweise, Endoparasitismus der Larven, fakultative Parthenogenese) *O. fulvicollis* ähnelnd, weist *Ph. pegomyiae* doch wesentlich andere Lebensbedingungen auf. Ein besonders hervorstehender Punkt ist die verschiedene Entwicklungsgeschwindigkeit. *Ph. pegomyiae* erscheint im Freiland und in Zuchten stets etwas früher als die Opiinen (siehe Abb. 27, S. 75). Infolgedessen muß er seltener als *O. fulvicollis* das Mißgeschick einer Verspätung bei der Fortpflanzungstätigkeit erleiden. Tatsächlich ist es in den Beobachtungsjahren bei *Ph. pegomyiae* nie zu einem derartigen Mengenverlust gekommen, wie gelegentlich bei seinem Nebenbuhler[4]. Ja, der Sommer 1928 in Schlesien hat gezeigt, daß *Ph. pegomyiae* bisweilen sogar vor der optimalen Fortpflanzungszeit erscheinen und daß er so 4, vielleicht 5 Generationen im Jahre aufweisen kann (vgl. Abb. 26, S. 72). Ein anderer wichtiger Unterschied gegen *O. fulvicollis* besteht in der Art der Eiablage. Bei den schlesischen Untersuchungen in den Jahren 1928 und 1929 fiel auf, daß die Puppen zu viel höherem Prozentsatze parasitiert waren, als die Zahl der parasitierten Larven erwarten ließ. Es waren 1928 insgesamt von 3797 präparierten oder in Zucht genommenen Altlarven nur durchschnittlich 2,2% parasitiert, während 1090 dem Boden entnommene Puparien zu 48,3% Wespen ergaben. 1929 waren die entsprechenden Zahlen 0,7% und 56,7%. Das als Puparien eingetragene Material war demnach weit stärker parasitiert als die noch in den Blättern befindlichen Larven. Dieses auffallende Ergebnis ließ die Vermutung aufkommen, daß *Ph. pegomyiae* auch die erwachsenen aus den Blättern abgewanderten Larven und die Puppen der Rübenfliege in der Erde zu belegen vermag. Der experimentelle Beweis für diese Annahme ist inzwischen geglückt[5].

---

[1] Farbige Abbildung bei *34*.

[2] 1930 erschien er in geringem Prozentsatz auch in unseren Zuchten holländischer Herkunft.

[3] So zog ihn DYCKERHOFF aus der Lattichfliege *Chortophila gnava* MEIG. in Aschersleben (Provinz Sachsen). Aus 1284 Tönnchen schlüpften 31 *Phygadeuon pegomyiae* = 2,4%; aus 500 von WILLE gesammelten Puppen (Aschersleben 1927) 1 Exemplar (0,2%). BLUNCK (in dienstl. Berichten) zog ihn mit Wahrscheinlichkeit aus der Kohlfliege.

[4] Vgl. auch *90* und *92*.

[5] BLUNCK (in dienstl. Berichten).

ε) Cynipiden.

Cynipiden wurden 1929 erstmals von uns aus Rübenfliegenpuppen gezogen. Die 7 erhaltenen Exemplare wurden von Herrn Dr. HEDICKE vorläufig wie folgt bestimmt:

1 *Eucoila basalis* (mit einiger Sicherheit),
2 *Eucoila* spec. (2 Männchen gleicher Art),
1 *Eucoila* nov. spec.,
1 *Eucoiline* (unbestimmbarer Gattung, da lädiert),
1 *Kleidotoma* spec.,
1 *Schizosema* nov. spec.

b) Coleopteren.

Die beiden Staphyliniden *Aleochara* (Subg. *Coprochara* MULS. et REY) *bipustulata* LINN. und *bilineata* GYLLH., die sich nach der bisherigen Kenntnis in ihrer Lebensweise nicht sehr unterscheiden, und die wir in größerer Zahl nur aus Puppen zweiter Generation schlesischer Herkunft im Jahre 1925 erhielten, sind streng genommen nicht als echte Parasiten anzusprechen. So legt die häufig als Schmarotzer bei der Kohlfliege (*Chortophila brassicae* BCHÉ.) vorkommende *Aleochara bilineata* ihre Eier neben Fliegenlarven frei in den Boden. Aus den Eiern schlüpfen sehr aktive, mit Füßen versehene Larven, die die Fliegenpuppen anbohren und in sie eindringen. Hier entsteht durch Häutung eine fußlose Form, welche die Fliegennymphen ectodermal von der Rückenseite her aussaugt. Nach abermaliger Häutung gehen die Larven schließlich in das Nymphen- und Puppenstadium über, und erst der ausgebildete Käfer verläßt das Puparium seines Wirtes. In der Kohlfliege scheint *Al. bilineata* im Jahre zwei Generationen durchzumachen (*97*, *175*).

Von mehreren tausend Puppen waren im Jahre 1925 in Schlesien gegen 30% von *Aleochara* befallen, während die Parasitierung durch Schlupfwespen zur selben Zeit (zweite Generation) insgesamt nicht so hoch war. Aus Puppen dritter Generation und in anderen Jahren (1926, 1929) wurden *Staphyliniden* nur ganz vereinzelt erhalten. 1927, 1928 und 1930 fehlten sie in den Rübenfliegenzuchten ganz, konnten aber 1928 aus Puparien von *Ch. brassicae* in einigen Stücken erhalten werden.

Beide *Aleochara*-Arten machen sich auch als Räuber nützlich, indem sie als Volltiere Fliegenlarven angreifen und verzehren. *Al. bipustulata*[1] schien 1925 seinen Gattungsgenossen an Zahl zu übertreffen[2].

Von KEMNER (*97*) wird noch *Polychara laevigata* GYLL. als Parasit der Rübenfliege erwähnt. Er zog allerdings nur ein einziges Exemplar im Jahre 1925.

---

[1] Farbige Abbildung bei *34*.

[2] In einer Stichprobe wurden unter den von uns eingesandten Tieren durch Herrn Prof. SCHEERPELTZ 24 von 35 als *Al. bipustulata* bestimmt.

c) *Dipteren.*

In Böhmen soll auch eine Tachinide und zwar *Melanophora atra* Macquart als Parasit der Rübenfliege auftreten (*169*)[1].

d) *Nematoden.*

Das gelegentliche Vorkommen von Fadenwürmern in lebenden wie auch in toten Rübenfliegennymphen schlesischer Herkunft sei nur der Vollständigkeit halber erwähnt. Sie wurden nur im Jahre 1925 beobachtet. Ein praktischer Bekämpfungswert kommt ihnen nicht zu.

3. Imaginalparasiten.

Der Pilz *Empusa muscae* Cohn (*Entomophthoraceae*) ist nach den bisherigen Untersuchungen der einzige bei der Rübenfliege vorkommende Imaginalparasit. Bei anderen an Fliegen, Larven und besonders an Puppen gefundenen Pilzen scheint es sich ausschließlich um postmortal auftretende Schmarotzer zu handeln. *Empusa muscae* ist als Parasit der gemeinen Stubenfliege gut bekannt. Bei *Peg. hyoscyami* befällt er in erster Linie die alternden Tiere gegen Ende der Flugzeit. Nur unter günstigen Umständen dürfte er auch lebenskräftige Imagines während der Hauptflugzeit angreifen. Hierfür sprach wenigstens manchmal das plötzliche, vorzeitige Ende des Massenauftretens der Fliege und die gleichzeitig angetroffene große Zahl Empusa-kranker Exemplare.

Der Pilz wurde von uns sowohl in Pommern als auch in Schlesien und bei allen Generationen von *Peg. hyoscyami* angetroffen. Die sterbenden Tiere suchen, ähnlich wie die Stubenfliege, exponierte Stellen auf und sind mit gespreizten Beinen, von Conidienrasen umgeben, an Blatträndern der Rüben, an hochgewachsenen Unkräutern, besonders häufig aber an Rübenschossern zu finden.

4. Gesamtübersicht der echten Parasiten.

Nachfolgend werden alle uns bekannt gewordenen Parasiten der Rübenfliege noch einmal kurz zusammengestellt. Wir lehnen uns dabei an die schon früher (*34*) gegebene Übersicht an und bezeichnen auch hier die in größerer Zahl vorkommenden Arten mit einem Stern, diejenigen, die wesentlich in den Massenwechsel der Fliege eingegriffen haben, mit zwei Sternen.

a) Eiparasiten.

* *Trichogramma evanescens* Westw.
Trichogramma minutum Riley

b) Larven- bzw. Puppenparasiten.

Trichopria spec. (nicht *lonchaearum* Kieff.)
Trichopria cf. *lonchaearum* Kieff.
Eupteromalus gentilis Först.
Eucoila basalis (mit einiger Sicherheit)
Eucoila spec.
Eucoila nov. spec.
Kleidotoma spec.
Schizosema nov. spec.

[1] Vgl. auch *34*.

Lamprotatus spec.
Eutelus spec.?
Polycystus scapularis THOMS.?
Alysia divergens BENGTSS.?
Decatoma betensis DECAUX
**Apanteles congestus* NEES
Apanteles trachynotus VIER.
Microgaster carinatus BENGTSS.
Opius anthomyiae ASHM.
Opius betae BENGTSS.
***Opius Bremeri* BENGTSS.
Opius carbonarius (NEES) THOMS.
**Opius foveolatus* ASHM.
***Opius fulvicollis* THOMS.
***Opius nitidulator* NEES
**Opius pegomyiae* GAHAN
Opius procerus WESM.
**Opius ruficeps* WESM.
**Opius spinaciae* THOMS.
Opius sylvaticus HAL.
Opius testaceus WESM.
Opius vittatus RUSCHKA et FULMEK
Phaenocarpa pegomyiae MARSH.
Aspilota betae BENGTSS.
Aspilota Kemneri BENGTSS.
Pezomachus spec.
***Phygadeuon pegomyiae* HABERMEHL
**Aleochara bilineata* GYLL.
**Aleochara bipustulata* L.
Polychara laevigata GYLL.
Melanophora atra MACQ.

c) Imaginalparasiten.

***Empusa muscae* COHN

Aus dieser Übersicht geht hervor, daß die Ei- und Imaginalparasiten der Rübenfliege im allgemeinen sowohl ihrer Zahl wie ihrer Bedeutung nach eine weniger große Rolle spielen als die Larvenparasiten und unter diesen wiederum die Gattung *Opius*. Die Proctotrupiden und Chalcididen mit Ausnahme der *Trichogramma*-Arten sind vielleicht Hyperparasiten.

Bezüglich der Wiedergabe der Parasitengarnituren der verschiedenen Einzelgebiete sei auf die schon oben angeführte Arbeit (*34*) verwiesen.

B. Die räuberischen Feinde der Rübenfliege.

Peg. hyoscyami wird in allen Stadien von einer großen Zahl von Feinden verfolgt, die in ihrer Mehrzahl wohl zur Biocönose des Rübenfeldes gehören, aber keinesfalls an die Rübenfliege besonders angepaßt sind. Zum Teil handelt es sich um bekannte Blattlausfresser, nicht selten auch um fakultativ karnivore Tiere. Der Einheitlichkeit halber werden auch hier die Räuber der Eier, Larven, Puppen und Volltiere getrennt behandelt, obgleich manche Arten nicht nur eines der genannten Stadien angreifen.

1. Eiräuber.

Einmal konnte ein Exemplar von *Haplothrips aculeatus* F. (*Phloeothripidae, Thysanoptera*) beim Aussaugen von Eiern überrascht werden. Er ist als gelegentlicher Verzehrer tierischer Nahrung bekannt.

Ebenfalls mit Sicherheit wurden Junglarven von Coccinelliden als Eiräuber nachgewiesen. Ob diese Blattlausfresser freiwillig oder nur aus Mangel an anderer Nahrung die Eier von *Peg. hyoscyami* verzehrten, muß unentschieden bleiben.

Wichtigere Eiräuber als die bisher genannten sind wohl die Wanzen *Anthocoris nemorum* L. und *Lygus pratensis* L. Eine Anthocoride sog in einem Falle in etwa einer Stunde drei Eier aus und eine *Lygus*-Larve vernichtete in drei Tagen deren 15. Besonders letztere, die gemeine Wiesenwanze, die als Pflanzenschädling allgemein bekannt ist, war im Hochsommer oft recht zahlreich auf den Rübenfeldern. Auf die Tätigkeit beider Wanzenarten ist es auch wahrscheinlich mit zurückzuführen, daß die Zahl der tauben Fliegeneier während der dritten Flugzeit 1925 in Pommern sehr hohe Prozentsätze erreichte.

2. Larvenräuber.

In Zucht konnten Chrysopidenlarven beim Aussaugen von Rübenfliegenmaden beobachtet werden. Sie griffen sie mit ihren Mandibeln in den Blattminen an und ließen nur die zusammengefallenen bräunlichen Häute zurück. Auch im Freilande findet man häufig tote, braun verfärbte Larven von *Peg. hyoscyami* in den Blättern, die zum Teil wahrscheinlich den nicht seltenen Chrysopiden zum Opfer gefallen sind. Die Durchzucht der beobachteten Larven mißlang.

Käfer wurden häufiger als Räuber von Rübenfliegenlarven beobachtet. So berichten Blunck und Janisch (*18*), daß zwei Exemplare von *Silpha obscura* L. im Laboratorium in 15 Tagen 27 Maden verzehrten. Puppen wurden von den Käfern nicht angenommen. Auch die Larven dieses Aaskäfers fraßen wahllos gesunde und mit Rübenfliegenmaden besetzte Blätter.

Ähnlich verhält sich der bekannte Rübenaaskäfer *Blitophaga opaca* L. Zwar wurden seine Larven nie direkt beim Verzehren von *Pegomyia*-Larven beobachtet, doch verschwanden nach schwerem Aaskäferfraß auch die vorher vorhandenen Rübenfliegenlarven vollständig, so daß anzunehmen ist, daß ein großer Teil von den sehr gefräßigen Aaskäfern vernichtet wurde.

Phosphuga atrata L. holt sich nach Fahringer (*55*) sogar die Maden aus den Minen heraus, um sie zu verzehren.

Als Larvenräuber kommen auch die schon als Parasiten erwähnten Staphyliniden *Aleochara bilineata* und *Aleochara bipustulata* in Frage. Schon Wadsworth (*175*) hat sie häufig beim Verzehren von Maden der Kohlfliege beobachtet, und in Gefangenschaft waren unsere Exemplare mit Rübenfliegenlarven leicht am Leben zu erhalten.

Unter den Hymenopteren kann die große Waldameise *Formica rufa* L. den Maden der Rübenfliege Abbruch tun. Da ihre Baue jedoch immer die Nähe des Waldes bedingen, bleibt auch ihr Wirkungskreis in der Regel gering. Die Ameisen nehmen nicht nur die wenigen freikriechenden Larven, sondern reizen sie auch in den Minen, um sie beim Verlassen derselben sofort zu ergreifen und fortzutragen.

Wie als Eiräuber treten eine Reihe Wanzen auch als Vertilger von Larven auf. Bei *Anthocorus nemorum* L. konnte zwar das Anstechen selber nicht beobachtet werden, aber in Kultur gingen eine Anzahl Maden in ihren Minen unter ganz ähnlichen Erscheinungen zugrunde, wie es schon weiter oben für die Chrysopidenlarven beschrieben wurde.

Auch von anderen Autoren wurden Hemipteren als Räuber von Rübenfliegenmaden beobachtet. Frost (*58*) nennt im besonderen für Amerika *Nabis ferus* L., und Sirrine (*153*) führte das Absterben der Maden in den Blättern zum Teil auf die Tätigkeit der auf den Feldern zahlreich vorhandenen Wanze *Coriscus inscriptus* Say zurück, da die Minen vielfach kleine Stichstellen aufwiesen.

Wichtiger noch als die bisher genannten Insekten dürften verschiedene Vögel als Larvenverzehrer sein. Besonders der Star (*Sturnus vul-*

garis L.) wurde wiederholt und bisweilen in großen Schwärmen bei emsiger Tätigkeit auf den Rübenfeldern beobachtet[1]. Die Vögel hacken die Minen in den Blättern an und zupfen die Larven heraus. Da es sich in der Hauptsache um Schwärme von Jungvögeln handelt, die oft in fernab gelegenen Gebieten erbrütet sind, und die Tiere in manchen Jahren die befallenen Rübenschläge vielleicht aus Überschuß an anderer mehr zusagender Nahrung gar nicht zu beachten scheinen, bleibt ihr Bekämpfungswert zum mindesten recht zweifelhaft (vgl. auch den Abschnitt „Biologische Bekämpfung").

Nicht unähnlich liegen die Verhältnisse bei einem anderen Kulturfolger aus der Vogelwelt, dem Feldsperling (*Passer montanus* L.). Auch er trat gelegentlich in großen Schwärmen als Vertilger der Larven auf den Rübenfeldern auf und leistete stellenweise sogar recht gründliche Arbeit[2].

Beim Aushacken der Larven aus den Blättern wurden weiterhin Buchfinken (*Fringella coelebs* L.) beobachtet; auch die Goldammer (*Emberiza citrinella* L.) kommt wahrscheinlich als Verzehrer der Maden in Betracht.

Die Saatkrähen (*Trypanocorax frugilegus* L.) wurden von KEMNER (*96*) als Feinde der Rübenfliegenlarven bezeichnet. In einem Falle wurde von uns festgestellt, daß in der Nähe einer großen Saatkrähenkolonie der Rübenfliegenbefall im Vergleich zu anderen weiter entfernt gelegenen Feldern nicht geringer war.

3. Puppenräuber.

Daß Krähen die Rübenfliegenpuppen als Nahrung annehmen, wird in der Literatur verschiedentlich erwähnt[3]. TULLGREN (*167*) machte dabei gleichzeitig auf den Schaden aufmerksam, der durch Saatkrähen verursacht wurde, da die Vögel, offenbar auf der Suche nach den Puppen, den Boden aufhackten und dabei viele junge Pflanzen zum Absterben brachten.

Wie die Krähen, so haben vermutlich auch die Stare als Verzehrer von Rübenfliegenpuppen zu gelten. Der exakte Nachweis durch Untersuchung des Mageninhalts der auf den Rübenfeldern angetroffenen Tiere ist allerdings niemals geführt worden.

4. Feinde der Imago.

Auch der Vollkerf hat wahrscheinlich eine ganze Reihe von Feinden aus den verschiedensten Tierklassen, nur ist es nicht immer leicht, Unterlagen dafür zu erhalten. Ein gutes Beispiel ist die schon als Räuber anderer Insekten bekannte Anthomyide *Coenosia tigrina* FABR. Sie wurde durch Zufall in Schlesien beim Überfall auf Rübenfliegen beobachtet. Eine Nachprüfung ergab dann, daß diese Raubfliegen auf den Rübenfeldern besonders 1925 und 1926 verhältnismäßig zahlreich waren. *Coenosia* ergreift die Rübenfliege mit den Vorderbeinen im Fluge, läßt

---

[1] SCHWARTZ (in einem Bericht an die Biolog. Reichsanstalt); KOFAHL, Zernikow (in lit.), vgl. auch *29*.

[2] Vgl. auch *77*.

[3] SCHWARTZ in einem Bericht an die Biologische Reichsanstalt.

sich mit ihr zur Erde fallen und saugt sie hier aus. Das Nahrungsbedürfnis scheint nicht gering zu sein. Sogar in kleinen Gläsern wurden die Opfer ohne weiteres angenommen und in einem Falle vernichtete eine *Coenosia tigrina* in 17 Tagen 41 *Peg. hyoscyami*.

Massenvertilger der Rübenfliegen sind die Schwalben. Besonders im Frühjahr, wenn die Imagines auf den vorjährigen Rübenfeldern schlüpfen, sieht man hier diese Vögel immer hin- und herfliegen. Dadurch werden oft die Schläge gekennzeichnet, auf denen im Jahre vorher von *Pegomyia* befallene Rüben standen.

IV. Epidemiologie der Rübenfliegenkalamität.

A. Bild, Zustandekommen und wirtschaftliche Bedeutung des Rübenfliegenschadens.

Beim Begehen der Rübenfelder hat man je nach Stärke des Befalls und Wachstumsgeschwindigkeit der Pflanzen ein recht verschiedenes Bild vom Rübenfliegenschaden. Am eindruckvollsten ist es, wenn im Frühjahr stärkster Befall und ungünstige Witterungs- und Bodenverhältnisse zusammentreffen. Wo vorher Reihen frischgrüner junger Pflanzen standen, sieht dann nur das schärfer aufmerkende Auge noch die graubraunen Reste vertrockneter Blättchen, hin und wieder nur leuchtet ein erhalten gebliebenes Blatt mit grüner Farbe hervor. Erst bei näherer Betrachtung erkennt man, daß in allen Fällen, wenigstens zunächst, die Herzblättchen unversehrt geblieben sind. Ehe der Landwirt die „Blattmaden" als Ursache dieser Verwüstung erkannt hatte, machte er häufig Nachtfröste dafür verantwortlich; der Volksmund spricht in solchen Fällen wohl auch von „Giftregen". Von diesem Bilde bis zu dem Vorkommen vereinzelter durchscheinender vertrocknender Blattflecke gibt es natürlich alle Übergänge.

Weniger vernichtend erscheint der Fraß im Sommer und Herbst. Die inzwischen zu einer stattlichen Pflanze herangewachsene Rübe weist in diesem Falle mindestens in ihren Außenblättern zunächst helldurchscheinende Flecken auf, die schnell an Ausdehnung zunehmen. In Kürze vertrocknen die Blätter, nehmen eine braune Farbe an, das ganze Feld erhält einen je nach der Stärke des Befalles braungesprenkelten bis fast gleichförmig braunen Farbton. Häufig hört man in Landwirtskreisen dann den, logisch freilich nicht ganz einwandfreien, Vergleich mit einem „Tabakfelde", d. h. das Rübenfeld sieht aus, als ob es zum Trocknen von Tabakblättern verwandt worden wäre. Die trocknen Blätter knicken um, werden von Wind und Regen zerstört. Die Blattstiele faulen oder trocknen ein, sind aber in der Regel noch lange als solche zu erkennen. Im schlimmsten Falle öffnet sich ein schon geschlossen gewesener Rübenbestand wieder und läßt das Unkraut erneut aufschießen.

Im ganzen kann dieses Bild in unseren Breiten drei- bis viermal jährlich auftreten, entsprechend einer gleichen Zahl von Larvengenerationen. Die Befallszeiten sind meist ziemlich scharf voneinander getrennt, wenn sie auch mit vereinzelten Vor- und Nacherscheinungen ineinander übergehen können. Ihre Kalenderdaten verschieben sich mit der geographischen Lage und dem Wetter in dem Sinne, daß umsomehr Befallszeiten eintreten und diese umsomehr zusammenrücken, je höher die Temperatur ist.

Örtlich zeigt das Bild der Rübenfliegenepidemie meist große Ausdehnung. Ganze Rübenbaugebiete von vielen Quadratkilometern Fläche können, wenn auch mit Abstufungen, annähernd gleichmäßig befallen sein. Die Rübenfliege ist ein echter epidemischer Schädling. Die Hauptbefallsgebiete gehen mit verwischten, wenn auch deutlich feststellbaren Grenzen in Gegenden allgemein schwächeren Befalls über.

Die unmittelbare Einwirkung der Rübenfliege auf die Rübe besteht im Larvenfraß. Seine erste Folge ist Verlust an Blattfläche, d. h. an assimilierender und atmender Substanz. Obwohl die Larve den befressenen Teil des Blattes nicht vollständig zerstört, sondern über und unter ihrer Fraßmine die Epidermis stehen läßt, sind die beschädigten Zonen nicht mehr funktionsfähig und dem baldigen Absterben geweiht. Eine einzelne Larve frißt durchschnittlich fast 10 qcm Blattfläche. Wenn man bedenkt, daß unter Umständen Pflänzchen bei der Bildung des zweiten Laubblattpaares schon mit mehr als 20—30 Eiern (im Felddurchschnitt) belegt sind, so kann man sich ein Bild von der möglichen Zerstörung machen. Die Stärke des relativen Verlustes resultiert aus den beiden Komponenten: Menge der Schädlinge und Wachstumsenergie der Pflanzen, letztere ist wieder bedingt durch Boden und Düngung, Witterung und Alter der Pflanze. Es entsteht ein „Wettlauf" zwischen dem Blattwachstum und der Blattminderung durch den Fraß.

In den beobachteten Fällen war die Höhe des Blattverlustes nicht selten mit 50% und mehr zu beziffern (*32*). Der Verlust ist für die Pflanze um so empfindlicher, als er sich, wie oben vermerkt, in unserem Klima dreimal im Jahre wiederholen kann.

In seinen unmittelbaren Folgen ist der Blattverlust durch *Peg. hyoscyami*, wenigstens im Sommer, vergleichbar mit der früher bisweilen geübten schädlichen Gewohnheit des Abblattens der Zuckerrübe zu Futterzwecken. Es führt zu Schädigungen der Erntemenge bei frühzeitiger, des Zuckergehalts bei späterer Vornahme (*158*). Zwar ist die erwachsene Rübenpflanze mit ausgebildetem Rübenkörper erstaunlich regenerationsfähig; jedes zerstörte Blatt wird in Kürze wieder ersetzt. Aber der Ersatz geht auf Kosten der Wurzelausbildung. Dabei nimmt der Schaden sicher nicht im Verhältnis der Befallsstärke zu, sondern in schnellerer Progression. Mit Eiern belegt wird im allgemeinen nur der

Kranz äußerer, älterer Blätter, der infolge seiner Schattenlage an sich nicht mehr stark assimilieren dürfte. So kommt es, daß selbst durch verhältnismäßig starken Befall, wenigstens der zweiten und dritten Generation, fühlbarer wirtschaftlicher Schaden nicht zu entstehen braucht. Bei sehr starker Belegung wandern die Larven jedoch nach Zerstörung der älteren aus Nahrungsmangel in die jüngeren Blätter ein und schädigen dadurch die Assimilationstätigkeit der Pflanze viel stärker.

Am tiefgreifendsten und am augenfälligsten ist jedoch die Wirkung des Fraßes auf die junge Rübenpflanze. Bei ihrer geringen Regenerationskraft kommt es unter Umständen zu vollständigem Wachstumsstillstand, ja zum Absterben der Pflanzen. Wesentlich hierfür ist in erster Linie das im Jugendzustand der Pflanzen besonders ungünstige Verhältnis zwischen der Zahl der Schädlinge und der Größe der für ihren Angriff zur Verfügung stehenden Blattfläche. Legen wir einen in drei Fliegengenerationen einer Vegetationsperiode gleichbleibenden Schädlingsbestand zugrunde, so wird ein wesentlich höherer Prozentsatz der Blattfläche einer Rübe durch die erste Generation zerstört als durch die folgenden (*87*).

Daß Rübenbestände durch starken Fliegenbefall im Frühjahr um zwei Wochen und mehr in der Entwicklung zurückgehalten werden können, ist eine vielen Rübenbauern geläufige Erscheinung. Und zwar kann wohl bei besonders starkem Befall schwerer Schaden selbst auf besten, hochkultivierten Rübenböden eintreten. Andererseits wird aber im Gegensatz zu den Verhältnissen im erwachsenen Rübenbestande bei den jungen Pflanzen mit ihrer geringen Wurzeltiefe und der daraus folgenden starken Abhängigkeit von der Beschaffenheit der eigentlichen Ackerkrume der gleiche Verlust schon durch geringeren Befall bedingt, wenn die Krume ungünstige Wachstumsbedingungen für die Rübe aufweist wie Kalkarmut, fehlende Gare usw. Sehr wesentlich sind ferner selbst geringe Altersunterschiede der jungen Pflanzen.

Im ungünstigsten Falle sterben die jungen Rübenpflanzen als Folge des Rübenfliegenfraßes ab. Das geht, soweit beobachtet, stets unter den Erscheinungen des Wurzelbrandes vor sich, d. h. unter Schwarzfärbung und Einsinken des Wurzelgewebes.

Ob nur solche Pflanzen am Larvenfraß der Rübenfliege eingehen, die gleichzeitig an Wurzelbrand leiden, oder ob die stark durch den Fraß geschädigten Pflanzen infolge ihrer Schwäche besonders anfällig für Wurzelbrand sind und ihm leicht erliegen, läßt sich nicht entscheiden. Die Frage, ob der Wurzelbrand in unserem Falle das Primäre oder Sekundäre ist, wird unwesentlich, wenn man „Wurzelbrand" nicht als Krankheitsursache auffaßt, sondern als Krankheitserscheinung, als Hauptzeichen bedenklicher, meist tödlicher Schwäche junger Rübenpflanzen.

Als Folge derartiger Beschädigungen kann es schließlich zu starker Lückigkeit der Rübenbestände kommen. Diese ist dann natürlich nicht ausschließlich, auch nicht immer unmittelbar durch den Fraß bedingt. Eine häufige Ursache dürfte darin liegen, daß die kleinen, bis aufs Herzblatt vertrockneten Pflänzchen bei den Pflegearbeiten übersehen und fortgehackt werden.

Zusammenfassend läßt sich sagen: Folge des Larvenfraßes der Rübenfliege ist in erster Linie Assimilations- und damit Ertragsminderung der Rübe. Während des Jugendstadiums der Rüben kommt es bei schwerem Befall außerdem, je nach der Wachstumsenergie der Pflanzen, zu längerem Wachstumsstillstand, ja sogar zum Absterben derselben.

Genaue Daten über Ernteverlust, in Gewichts- oder Preiseinheiten ausgedrückt, lassen sich im Falle des Rübenfliegenschadens schwer geben. Es ist nicht möglich, die Wirkung der Rübenfliegenepidemie als Faktor für sich zu betrachten, abgetrennt von den Fragen des Klimas, der Bodenstruktur und -bearbeitung, Düngung, der Pflegearbeiten, sowie der Mitwirkung anderer Rübenschädlinge und -krankheiten.

Die Frage, ob eine Bekämpfung der Epidemie notwendig bzw. wirtschaftlich ist, erfordert jedoch ein, wenn auch nicht absolut einwandfreies, so doch einigermaßen deutliches Bild von der Stärke ihrer Schadwirkung. Die Lösung der Frage ist auf dreierlei Wegen versucht worden: durch Erntefeststellung

1. auf verschieden stark befallenen Flächen eines größeren Bezirks,
2. auf künstlich befallfrei gehaltenen,
3. auf zur Befallszeit entsprechend dem Rübenfliegenschaden mechanisch beschädigtem Rübenbestande.

Auf dem ersten Wege berechnete Kemner (*96*) für Südschweden 1925 einen Ernteverlust von 5—15 Zentner je $^1/_4$ ha. Eine ähnliche Feststellung für die Anbaugebiete von sieben deutschen Zuckerfabriken ergab einen Minderertrag der schwer befallenen Felder, der zwischen 2 und 39 Zentnern je $^1/_4$ ha bzw. 1,5 und 26,1% der Ernte auf nicht befallenen Flächen schwankte (*32*). Eine andere deutsche Zuckerfabrik gab im Durchschnitt von 9 Rübenfliegenjahren einen Ertrag von 93, im Durchschnitt von 8 befallsschwachen Jahren von 137 Zentnern je $^1/_4$ ha an.

Versuche, bei denen kleinere Flächen inmitten von schwerem Befall frei von Fliegen gehalten wurden, ergaben einen Mehrertrag von 16—23%, andere, bei denen der Fraß durch Amputation eines entsprechenden Laubanteils ersetzt wurde, noch höhere Schadenszahlen als die obengenannten (*32*).

Das starke Schwanken der nach verschiedenen Methoden gewonnenen Zahlen zeigt, wie schwer es ist, sich ein einheitliches Bild über die wirtschaftliche Bedeutung der Rübenfliegenepidemie zu machen. Verluste von 10—20% der Ernte werden in Epidemiejahren nicht eben selten sein. Bei sehr starkem Befall und nicht besonders günstigen Wachstumsverhältnissen wird die von Praktikern öfters genannte Schätzung von 30% Ernteverlust sich nicht weit von der Wirklichkeit entfernen.

Auch der Zuckergehalt der Rüben dürfte infolge starken Rübenfliegenbefalls zurückgehen. Doch schwankt dieser Verlust in geringeren Zahlengrenzen und ist noch ausgesprochener sekundärer Natur als der Gewichtsverlust, so daß sich eindeutige Beziehungen zum Rübenfliegenschaden allein im allgemeinen kaum finden lassen.

B. Der Massenwechsel der Rübenfliege.

1. Allgemeine Bedingungen des Massenwechsels.

Die Hauptbedingung für das Zustandekommen von Rübenfliegenschäden ist das Vorhandensein großer Massen des Schädlings. Untersuchung der Epidemiologie mit dem Ziel einer Prognose für die Praxis wird also über die Analyse derjenigen Faktoren führen müssen, welche den Massenwechsel (*22*) von *Peg. hyoscyami* beherrschen. Es wird dabei darauf ankommen, das Schwanken der in einem Beobachtungsgebiet jeweils vorhandenen Individuenmengen zahlenmäßig zu erfassen, in Beziehung zu den ökologischen Faktoren zu setzen und diese Beziehung nach Möglichkeit durch den physiologischen Versuch zu stützen. Derartige Untersuchungen sind während einer Reihe von Jahren durchgeführt worden (*28—30, 32, 87—89, 91*). Zur Feststellung der Massenzahlen dient am besten der Fang der Vollkerfe mit einem Insektennetz festgelegter Größe, wobei die Zahl der erbeuteten Tiere auf diejenige der ausgeführten Fangschläge bezogen wird (*22*). Die graphische Darstellung des Ergebnisses solcher Fangserien (für 1925—1927 in Lilienthal bei Breslau) veranschaulicht Abb. 26[1].

Der Massenwechsel ist die Resultante aus der Vermehrungspotenz eines Organismus und den ihr entgegenwirkenden ökologischen Begrenzungsfaktoren. Bei der Rübenfliege beträgt der theoretische Vermehrungskoeffizient (*27*) in Deutschland, unter der verhältnismäßig niedrig angesetzten Annahme einmaliger Ablage von 50 Eiern je Weibchen bei dem Geschlechtsverhältnis von 1:1 und dreimaliger Generation 25^3, d. h. n Rübenfliegen können sich theoretisch in einem Jahre auf 25^3 n, eine Rübenfliege auf 15625 Nachkommen vermehren. Hält sich der Bestand von einer Generation zur anderen auf gleicher Höhe, so müssen unter der genannten Annahme 50—2 = 48 Nachkommen jeder Fliege oder 96% der Nachkommenschaft vor Eintritt in die Fortpflanzungstätigkeit vernichtet worden sein. Das mehr oder minder starke Eingreifen der Begrenzungsfaktoren variiert diesen Vernichtungsquotienten; die Folge ist das Auftreten verschieden großer Individuenmengen.

Die Begrenzungsfaktoren sind einzuteilen in die der unbelebten (Boden, Witterung) und der belebten Umwelt (Parasiten, tierische Räuber, Mensch). Von den ersteren hat der Boden geringen Einfluß auf die Stärke des Auftretens der Rübenfliege. Die Begründung ist wohl darin zu suchen, daß nur das gegen Außeneinflüsse ziemlich unempfindliche Puppenstadium unmittelbare Beziehungen zum Boden hat[2].

---

[1] Entnommen aus *89*.

[2] Vgl. S. 37.

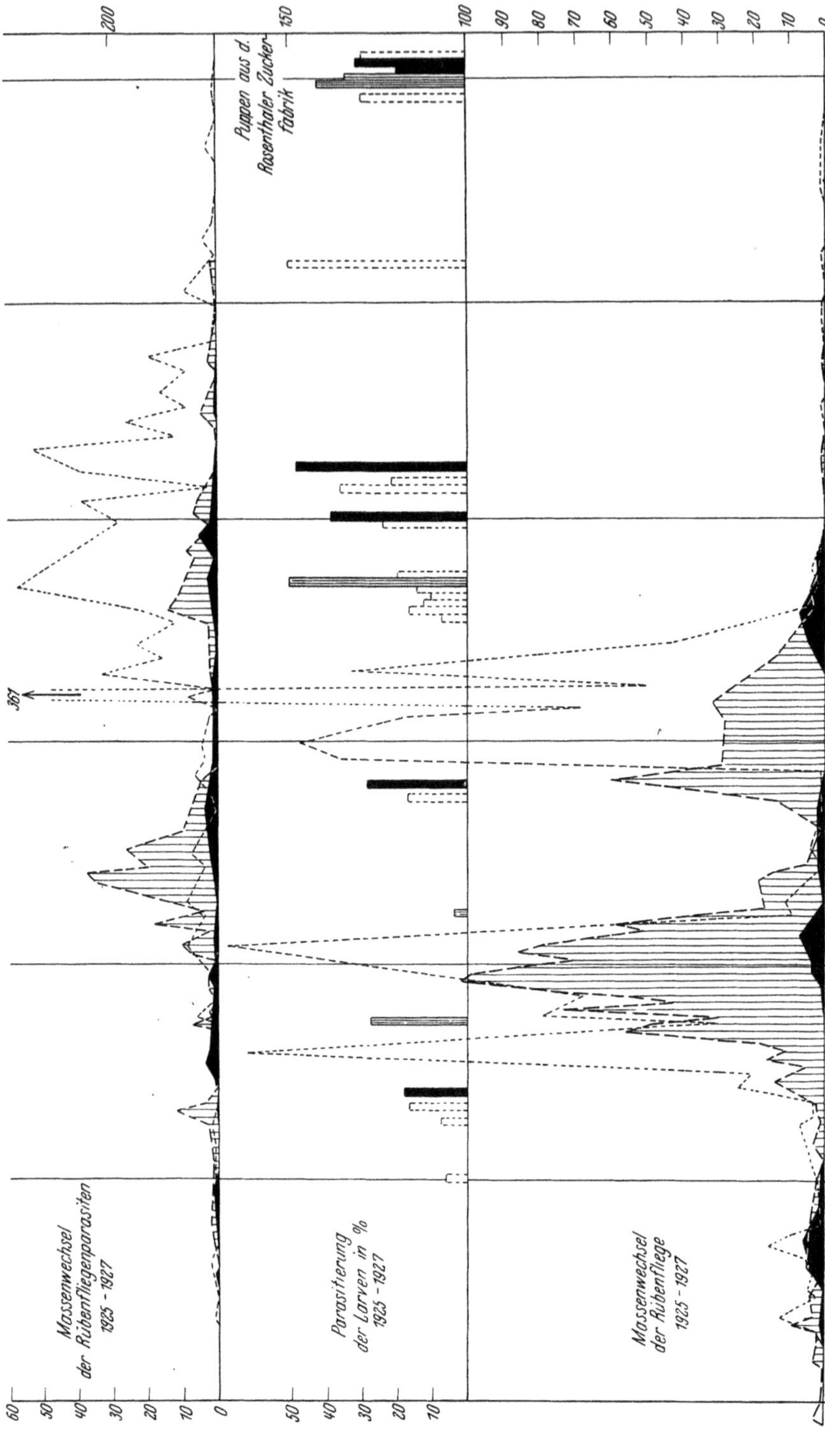

Abb. 26. Der Massenwechsel der Rübenfliege und ihrer Larvenparasiten in Lilienthal bei Breslau 1925—1927 auf vier Rübenschlägen. Bezogen auf 180 Doppelschläge mit dem Fangnetz. ▬ (schwarze Flächen): 1927. — — — (schraffierte Flächen): 1926. - - - - - - - 1925. Die Säulen in der Mitte der Abb. geben den Prozentsatz parasitierter Larven (bzw. Puppen) für die einzelnen Generationen und Jahre wieder.

Von den Witterungseinflüssen regelt die Temperatur, wie bei wechselwarmen Tieren überhaupt, bei der Rübenfliege weitgehend die Geschwindigkeit des Ablaufs sämtlicher Lebenserscheinungen einschließlich der Entwicklung, und zwar in allen Stadien. Vom Gesichtspunkt des Massenwechsels interessiert hierbei in erster Linie die Sommertemperatur. Es ergibt sich:

1. Die Generationen rücken bei höherer Temperatur im Laufe eines Jahres näher aneinander.

So betrug z. B. der Zwischenraum zwischen dem Beginn des 1. und 2. Fluges in Lilienthal (Schlesien) 1925 bei durchschnittlich 16,0° C 38 Tage, 1926 bei durchschnittlich 13,4° C 52 Tage, 1927 bei durchschnittlich 12,7° C 55 Tage (*32*).

2. Bei erhöhter Temperatur kommt es zu einer Vermehrung der Generationen im Laufe eines Jahres[1].

Die unmittelbare Wirkung erhöhter Sommertemperatur muß infolgedessen in gemäßigtem oder kühlem Klima allgemein eine Begünstigung der Vermehrung sein, wenigstens dann, wenn die letzte Generation noch voll zur Vermehrung kommt. In wärmerem Klima führt die Erhöhung der Sommertemperatur, vor allem wohl durch die trocknende Wirkung, bald über die Lebensgrenzen einzelner Stadien hinaus und wirkt daher ungünstig. Auch in gemäßigten Zonen steht übrigens der günstigen unmittelbaren Wirkung erhöhter Temperatur eine ungünstige mittelbare durch Verstärkung der Parasitenwirkung, in extremen Fällen auch durch Wasserentzug, gegenüber[2].

Eine wesentliche Einwirkung der Wintertemperatur auf den Massenwechsel der Rübenfliege hat sich bisher nirgends erkennen lassen[3].

Starke Niederschläge wirken im allgemeinen hemmend auf die Massenvermehrung der Rübenfliege wie auf die der meisten Insekten. Der Einfluß auf die einzelnen Entwicklungszustände dürfte allerdings verschieden stark sein. Die Eier sind weitgehend wasserundurchlässig; ihre Lage auf der Blattunterseite und die verhältnismäßig feste Anheftung auf der Unterlage schützen sie gegen Abspülung. So wird es zu sehr wesentlichen Verlusten an Eiern durch Niederschläge kaum kommen[4]. Die Larven sind im allgemeinen infolge ihrer Lebensweise zwischen den Blattoberhäuten wohl nur dann den Niederschlägen ausgesetzt, wenn bei starken Dauerregen Wasser in die Minen eindringt und sie tötet oder zum Auswandern veranlaßt (*32*). Die Puppen vertragen lange den Aufenthalt im Wasser[5]; sie dürften durch Niederschläge kaum unmittelbar zu leiden haben (*32*). Am stärksten ist das sicher der Fall bei den Vollkerfen. Die Fliegen finden zwar immer unter Blättern u. dgl.

---

[1] Vgl. S. 49. [2] Vgl. S. 74. [3] Vgl. S. 51.
[4] Vgl. hierzu aber S. 47.
[5] Vgl. S. 37.

genügend Schutz, so daß sie wohl nur schwersten Dauerregen in größerer Zahl unmittelbar erliegen. Wesentlicher scheint aber die Einwirkung auf die Fortpflanzungstätigkeit zu sein[1].

Stärkere Trockenheit dürfte die geringste Wirkung auf das Vollkerfstadium ausüben; auch das entspricht dem Verhalten der meisten fliegenden Insekten; Gegenteiliges ist nicht beobachtet worden. Die Puppen scheinen ebenfalls durch Trockenheit nicht wesentlich gefährdet zu sein, um so weniger als eine Verkrustung des Ackerbodens auf dem Rübenfeld im Sommer im allgemeinen nicht häufig ist; zudem suchen die verpuppungsreifen Larven bei Trockenheit größere Erdtiefen auf[2]. Viel stärker wirkt Feuchtigkeitsmangel auf die ersten Jugendstadien ein: die Eier werden schon bei verhältnismäßig geringem Sättigungsdefizit der Luft schlüpfunfähig[3]; auch unter den jungen Larven wurde bei großer Trockenheit hohe Sterblichkeit beobachtet.

Neben die unmittelbare Wirkung der Temperatur und der Feuchtigkeit tritt eine mittelbare, die sich in Förderung bzw. Hemmung des Massenwechsels der Rübenfliegenparasiten äußert. Durch entwicklungsphysiologische Versuche wurde ermittelt, daß die Temperaturabhängigkeit der Rübenfliege und zweier im deutschen Klima besonders häufiger Schmarotzer, der Ichneumonide *Phygadeuon pegomyiae* Haberm. und der Braconide *Opius fulvicollis* Thomson[4] nicht die gleichen Werte aufweist (Abb. 27[5]). Die letzteren reagieren in der Entwicklungsgeschwindigkeit stärker auf Temperaturänderung. Die Zuordnung der Generationen von Wirt und Schmarotzer ist also nicht zwangsläufig, sondern hängt von der Temperatur ab. Bei etwa 18—20° C Durchschnittstemperatur ist für die genannten Parasiten[6] diese Zuordnung gegeben; bei anderen Temperaturen wird besonders für die Opiinen der Anschluß an die Larvengeneration des Wirtes unsicher. Im deutschen Klima wird die durchschnittliche Sommertemperatur selten höher sein; bei kühler Witterung während der Entwicklungszeit der Schlupfwespen wird es also leicht zur Verspätung im Auftreten derselben und damit zu einer Begünstigung des Rübenfliegenmassenwechsels kommen. In der Flugzeit der Schmarotzer wieder dürfte die Niederschlagshöhe stärker ihren Massenwechsel beeinflussen: die zarten Tiere können in Regen-

[1] Vgl. S. 44.

[2] Vgl. S. 36.

[3] Nach S. 31 bei etwa 80% relativer Feuchtigkeit; da bei großer Trockenheit in nächster Nähe des Blattes gelegentlich nur 20% relative Feuchtigkeit beobachtet wurden, dürfte in solchen Fällen die genannte Grenze auch unmittelbar an der transpirierenden Blattepidermis öfter unterschritten werden.

[4] Vgl. S. 59 und 61.

[5] Entnommen aus *32*.

[6] Die meisten anderen Parasiten sind Opiinen (vgl. S. 56ff.), die sich in der Temperaturabhängigkeit ihrer Entwicklung ähnlich verhalten, wie *O. fulvicollis*.

perioden nicht die intensive Flug- und Suchtätigkeit entfalten, die sie zu ihrer Massenvermehrung unbedingt brauchen, da sie jeweils nur ein Ei in eine Wirtslarve legen, und da dessen Entwicklung nur dann gesichert ist, wenn die letztere noch unbelegt war[1]. Wahrscheinlich erliegen sie auch unmittelbar stärkeren Regen infolge ihrer größeren Zartheit leichter als die gröberen Fliegen.

Über die Wirkung anderer Witterungsfaktoren als Temperatur und Feuchtigkeit auf den Massenwechsel der Rübenfliege läßt sich zur Zeit nicht viel sagen.

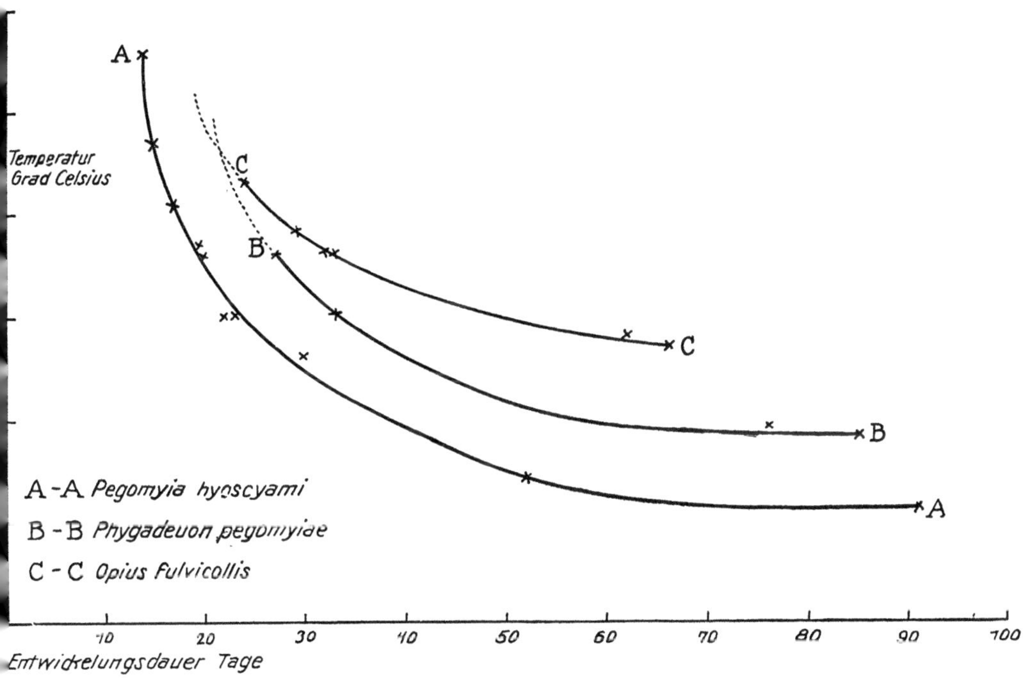

Abb. 27. Temperaturabhängigkeit der Entwicklung zur Imago von *Pegomyia hyoscyami*, *Phygadeuon pegomyiae* und *Opius fulvicollis*.

Die Sonnenstrahlung wirkt wohl hauptsächlich durch Erwärmung und Wasserentzug. Daneben scheint ihre Wirkung auf die Assimilation der Wirtspflanze von Einfluß zu sein. Ein gewisser Mindestanteil an Assimilaten oder an Chlorophyll in der Blattsubstanz ist offenbar für die Ernährung der ersten Larvenstadien unumgänglich notwendig[2]. Wenn Eingehen der frischgeschlüpften Maden bei dauernd trüber Witterung beobachtet wurde (*88*, *89*), so spielt dabei möglicherweise dieser Faktor eine Rolle.

Der Einfluß des Windes betrifft weniger den gesamten Massenwechsel, als die örtliche Verteilung der Schädlinge[3].

---

[1] Vgl. S. 60.
[2] Vgl. S. 34.
[3] Vgl. S. 77.

Nach dem bisher Dargelegten muß die Massenvermehrung der Rübenfliege im deutschen Klima durch folgende Witterungsverhältnisse am meisten gefördert werden: Mindestens mäßige Feuchtigkeit während der Zeit, in der die meisten Individuen sich im Eistadium befinden; nicht zu warmes und nicht zu trockenes Wetter während der Larvenzeit, damit die empfindlichen Junglarven nicht getötet und die Schlupfwespen am Fliegen gehindert werden; nicht zu warmes Wetter während der Puppenzeit, damit die Entwicklung der Schlupfwespenlarven verzögert wird; während der Flugzeit der Vollkerfe nicht zu warmes Wetter aus dem letztgenannten Grunde, dabei nicht zuviel Regen, damit die Begattung möglichst wenig behindert wird.

Das praktische Ziel der Voraussage von Fraßschäden läßt sich durch derartige Angaben freilich kaum erreichen, da es selten gelingen wird, die einzelnen Entwicklungsperioden für die Hauptmasse der Schädlinge scharf genug zu erfassen. Zu diesem Zwecke ist es nötig, aus dem Witterungscharakter größerer Zeitabschnitte einigermaßen verläßliche Schlüsse zu ziehen. Die bisherigen Erfahrungen geben eine gewisse Grundlage dafür[1].

2. Örtliche Unterschiede im Massenwechsel.

Obwohl *Peg. hyoscyami* zu den ausgesprochenen epidemischen Schädlingen zählt, schwankt doch im einzelnen ihre zahlenmäßige Stärke von Feld zu Feld.

Zur Untersuchung derartiger Erscheinungen kann man den in sich geschlossenen Rübenschlag als Beobachtungseinheit wählen, da der Rübenfliegenbestand eines Feldes weitgehend bodenständig ist und im allgemeinen durch Zu- oder Abwanderung nur geringe Veränderungen erleidet. Natürlich gilt diese Aussage nicht von der ersten Zuwanderung der Fliegen im Frühjahr, dagegen ist die relative Befallsstärke eines Feldes im Vergleich zur Nachbarschaft während einer Vegetationsperiode im allgemeinen gleich: Felder, die im Frühjahr schwach befallen waren, weisen auch im Sommer nur schwachen Befall auf und umgekehrt (*32*, *100*). Entscheidend für die Befallsstärke eines Feldes dürfte, abgesehen von der Nähe und Stärke der Infektionsquelle, die Größe der Rübenpflanzen zur Zeit der Frühjahrseinwanderung sein. Alle diese Aussagen haben jedoch nur durchschnittliche Gültigkeit; es finden sich Ausnahmen, z. B. Anzeichen von Wanderflügen auch im Sommer (*32*)[2].

Das zähe Festhalten der Fliegen der Sommerbruten am Heimatschlage läßt sich durch „Einheitsfänge[3]“ leicht feststellen. In einem Falle wurden mit 30 Netzschlägen auf den mittleren Reihen eines Rübenfeldes 11, auf den letzten 7, auf den ersten Reihen eines benachbarten Kohlrübenfeldes 2 Rübenfliegen erbeutet (*32*).

Auch innerhalb eines Feldes bestehen oft beträchtliche Unterschiede in der Befallsstärke. Häufig weisen auf verschiede-

---

[1] Weiteres siehe S. 87.

[2] Siehe S. 44.

[3] Siehe S. 71.

nen Feldern zur gleichen Zeit die in derselben Himmelsrichtung gelegenen Schlagteile den stärksten Befall auf. Das deutet auf starke Beeinflussung der Massenverteilung innerhalb des Schlages durch den Wind. In mehreren Fällen traf der Befall hauptsächlich die Schlagteile, die unter dem zur Hauptflugzeit herrschenden Winde lagen. Abhängigkeit der Rübenfliegenverteilung vom Winde ist um so wahrscheinlicher, als zum mindesten die Weibchen unter durchschnittlichen Wetterbedingungen verhältnismäßig schlechte und unlustige Flieger sind und daher besonders im legereifen Zustande sicher leicht vom Winde verschleppt werden (*32*). Der verstärkte Befall an der derzeitigen Leeseite eines Feldes wäre demnach wahrscheinlich so zu erklären, daß die legereifen Weibchen vom Winde getrieben werden, sich jedoch vermöge ihres Instinktes, das Rübenfeld nicht zu verlassen, an der Schlaggrenze festklammern und von dort aus gegen den Wind fortschreitend die Pflanzen belegen. Ihr Verhalten wäre so ähnlich wie das der Kohlerdflöhe (*14*).

Die Abhängigkeit der Rübenfliege vom Winde macht auch die besondere Rolle des Windschattens für ihre Massenverteilung erklärlich. Waldstücke, Hecken, Maisfelder usw. sind natürliche Barrieren für die Rübenfliege (*153*), und zwar steht der Umfang der durch sie geschützten Zone in einem gewissen Verhältnis zu ihrer Höhe (*150*). Kleine Runkelrübenflächen, wie sie häufig zur Haustierfütterung in oder in der Nähe von Gärten gehalten werden, weisen immer verhältnismäßig schwachen Befall auf, selbst dann, wenn benachbarte freie Feldflächen schwer unter Madenfraß zu leiden haben. Im Gegensatz dazu erweisen sich gelegentlich aber auch windoffene Höhen als ziemlich befallsfrei, während die dahinter gelegenen Hänge stärker befallen sind (*32*).

Die richtige Deutung dürfte wohl darin liegen, daß die Masse der Rübenfliegen bei der Verschleppung durch den Wind über Windschattenstellen weggetragen wird; diese bleiben infolgedessen frei. An besonders stark dem Winde ausgesetzten Stellen vermögen sich die Fliegen aber nicht zu halten und werden von dort weitergetragen; darum sind auch derartige Örtlichkeiten verhältnismäßig befallsfrei. Der Hauptbefall konzentriert sich daher auf den dem Winde noch, aber nicht zu stark, ausgesetzten Stellen und, wie oben dargetan, an den Leerändern der Rübenschläge (*32*).

Zu berücksichtigen bleibt ferner, daß Bäume, Büsche usw. als vorübergehende oder dauernde Standquartiere von insektenfressenden Vögeln befallsvermindernd auf ihre nächste Umgebung wirken können.

Besonderer Beeinflussung durch den Wind unterliegt offenbar auch die Zuwanderung auf das Rübenfeld im Frühjahr. Der Einfluß beginnt anscheinend schon bei der Abwanderung vom Heimatschlag (*32*).

Ein weiterer Faktor, der die örtliche Massenverteilung der Rübenfliege beeinflußt, ist die Dichte des Pflanzenbestandes. Je dichter die Pflanzen stehen, desto geringer ist die Bewegungsmöglichkeit der Fliegen zwischen ihnen, und desto schwächer fällt demgemäß die Eiablage und die Massenentwicklung der Larven aus. Besonders ausgeprägt ist diese Erscheinung dort, wo Chenopodiaceen mit anderen Pflanzen zusammenstehen. Mangold wies bei Zwischensaat von Kohlrüben schwächeren Befall auf (*178*); verunkrautete Rüben werden weniger stark befallen als reine (*32*).

Ähnliche Erscheinungen zeigen sich aber auch im geschlossenen Chenopodiaceenbestand. Immer ist dort die Massenentwicklung von *Peg. hyoscyami* am stärksten, wo das Herankommen der legereifen Weibchen an die Pflanzen am leichtesten möglich ist. Im Frühjahr sind früher gesäte Schlagteile am stärksten befallen, weil die größeren Pflanzen die Mehrzahl der herankommenden Weibchen auffangen. Besonders deutlich ist das dort, wo vorjährige Samenrüben neben diesjähriger Rübensaat stehen. Im Sommer ist es umgekehrt; versuchsweise erst im Juni oder Juli ausgesäte Rübenstreifen wiesen verhältnismäßig stärkeren Befall auf als der normale, geschlossen belaubte Rübenbestand, der den Fliegen geringere Bewegungsmöglichkeiten bietet. Besonders stark belegt waren in diesem wieder große, in Bestandslücken isoliert stehende Pflanzen.

C. Die Verbreitung der Rübenfliege in ihrer klimatischen Bedingtheit.

Die Verbreitung der Rübenfliege wird in Abb. 28[1] veranschaulicht. Die Begrenzung des Areals stützt sich auf Berichte von Hukkinen (*81*) für Finnland, Lundblad und Tullgren (*115*) für Schweden, Lundbeck (*113*) für Grönland, Knab (*103*) u. a. für Amerika, Mège (*122*) für Marokko, Zanon (*187*) für Tripolis, Willcocks (*184*) für Ägypten, Sacharow (*144*) und Wassiljew (*180*) für Rußland. Die Angabe von Lundbeck bezieht sich nicht mit völliger Sicherheit auf *Peg. hyoscyami* Pz., doch ist die Wahrscheinlichkeit ihres Vorkommens in Grönland angesichts des gleichen Nordvorkommens in Europa durchaus vorhanden. Amerikanische Literatur hat uns weniger zur Verfügung gestanden als europäische; daher ist die Sicherheit der Grenzführung durch Amerika nicht sehr groß. Chittenden (in lit.) nennt die Fliege „occurring from Canada to Texas and from the Atlantic States to California“. Aus Asien konnte in der Literatur keine Nachricht über *Peg. hyoscyami* gefunden werden. Herr Dr. Abiko, Direktor der nordjapanischen Landwirtschaftlichen Versuchsstation in Sapporo auf Hokkaido, übersandte auf Anfrage einige Stücke einer Minierfliege aus *Chenopodium*, die sich mit *Peg. hyoscyami* als identisch erwiesen. Es ist wohl mit Sicherheit anzunehmen, daß dieses Vorkommen in Asien nicht vereinzelt dasteht. Auch in Australien wird Zuckerrübenbau getrieben (siehe Abb. 28). Doch ist die Rübenfliege nach einer von der Landwirtschaftlichen Versuchsstation in Lincoln, Neuseeland, freundlichst übermittelten Nachricht auf deren Versuchsfeldern bisher nicht aufgetreten.

Soweit bisher bekannt, kommt die Rübenfliege überall etwa vom nördlichen Wendekreis bis zum Polarkreis vor, ihr Verbreitungsgebiet umfaßt demnach subtropische bis subarktische Gegenden. Die Jahresisothermen in diesem Gebiete liegen zwischen weniger als -2^0 und mehr als $+20^0$ C. *Peg. hyoscyami* ist also ausgesprochen eurytherm. Auch die jährlichen Niederschlagsmengen in ihrem Verbreitungsgebiete sind

[1] Entnommen aus *32*.

außerordentlich verschieden. Am besten werden diese Verhältnisse durch die Klimogramme eines zentral gelegenen und je eines nördlichen und südlichen Grenzpunktes ihres Verbreitungsgebietes veranschaulicht (Abb. 29)[1]. In ihnen sind die durchschnittlichen monatlichen Temperaturen und Niederschlagsmengen wiedergegeben[2].

Bezüglich der Ernährung ist *Peg. hyoscyami* als relativ stenophag (*76*) zu bezeichnen[3]. Wie aus Abb. 28 ersichtlich, liegt das europäische und amerikanische Zuckerrübenbaugebiet vollständig innerhalb ihrer Verbreitungszone. Daß auch die zuckerrübenbauenden Gegenden Ostasiens und Australiens innerhalb des möglichen Ausbreitungsraumes der Rübenfliege liegen, dürfte außer Zweifel stehen.

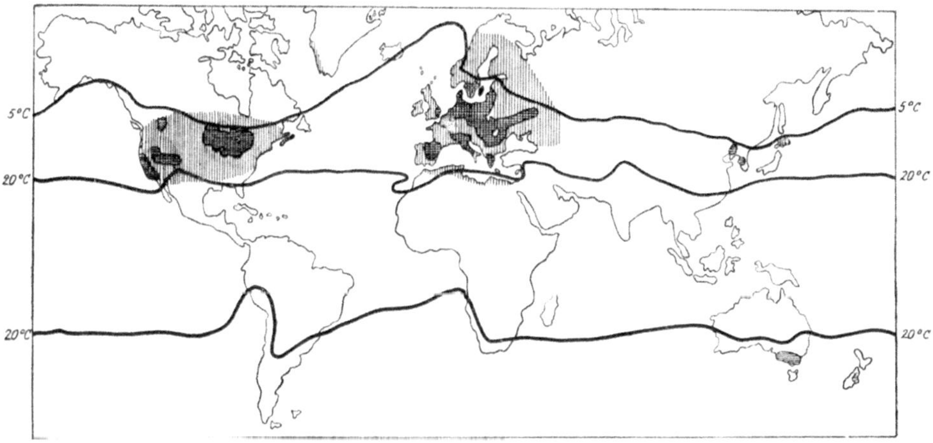

Abb. 28.
Verbreitungsgebiet des Zuckerrübenbaues ▤ nach PRINSEN GEERLIGS und der Rübenfliege ▥.

Nicht überall in ihrem gesamten Verbreitungsgebiet hat die Rübenfliege es bisher zur Entwicklung größerer Massen gebracht. Das ist offenbar nur möglich in den Gegenden, wo die normale Variationsbreite der Klimafaktoren die optimalen Lebens- und Vermehrungsbedingungen einschließt. Dieses Massenverbreitungsgebiet (*27*, *32*) umfaßt einen erheblichen, meist zentral und nördlich gelegenen Teil des gesamten Verbreitungsgebietes (Abb. 30), in Europa: Deutschland, Dänemark, Schweden, Finnland, die Niederlande, die Ostseestaaten, Polen und Westrußland, Tschechoslowakei, Österreich, Ungarn, Oberitalien, Nordfrankreich und Großbritannien, in Amerika die nördlichen Vereinigten Staaten, südwärts bis Kalifornien, und das südliche Kanada.

[1] Entnommen aus *32*.
[2] Über die Höhenverbreitung der Rübenfliege vgl. S. 41.
[3] Vgl. S. 8.

Jahre, in denen schwerere Rübenfliegenschäden verzeichnet worden sind, waren in Finnland 1903 (Åland) (*134*), 1915/1916 (Österbotten)[1], 1923/1924[2]; Schweden 1905 (*106*), 1910/1911 (*167*, *168*), 1921/1925 (*96*, *114*); Dänemark

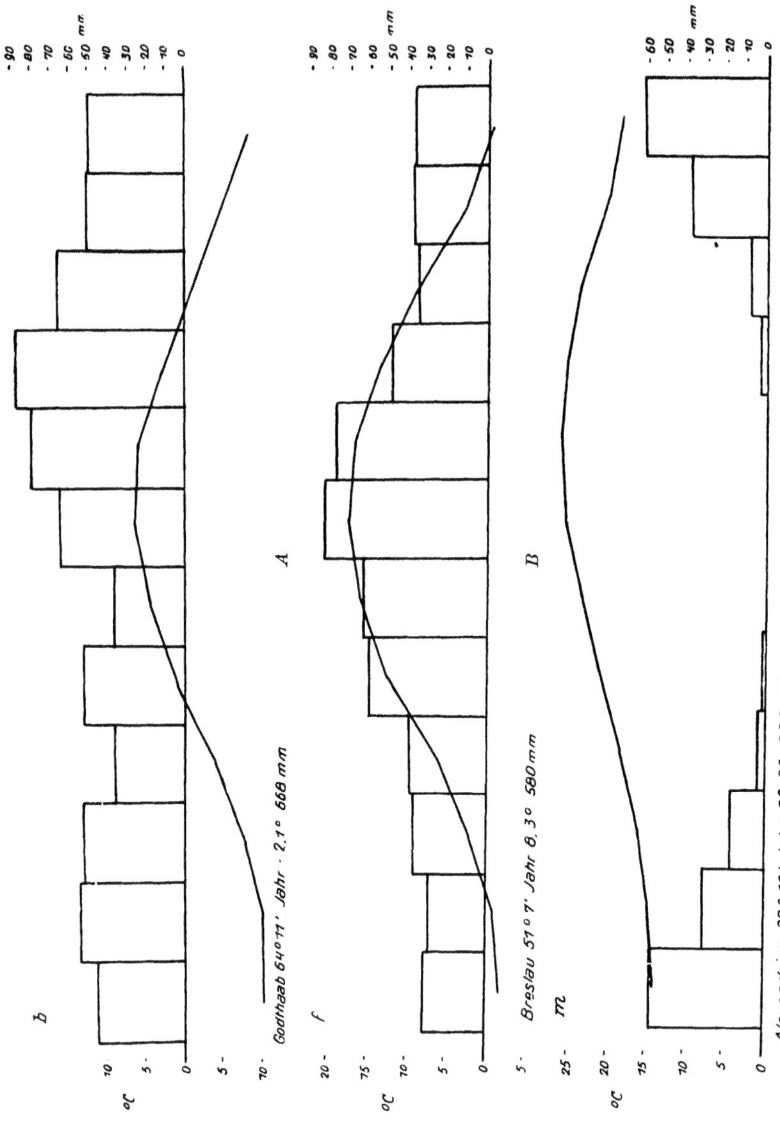

Abb. 29. Klimogramme eines zentral gelegenen, eines nördlichen und eines südlichen Grenzpunktes des Verbreitungsgebietes der Rübenfliege. *A* Godthaab. *B* Breslau. *C* Alexandrien.

1899, 1908/1910, 1916, 1919/1921, 1924 (*8*); Deutschland (*1*, *9*, *10*, *143*, *188*): a) Baltisches Zuckerrübengebiet 1893, 1903, 1909/1911, 1916/1925, b) Schlesisches Zuckerrübengebiet 1895, 1903, 1913/1914, 1924/1931, c) Mitteldeutsches

---

[1] Linnaniemi in lit.

[2] Hukkinen in lit.

Zuckerrübengebiet 1903, 1929; Großbritannien 1880 (*125*), 1891 (*38*), 1904 (*39*), 1918[1], 1921 (*60*), 1925 (*178*); Ungarn 1903 (*83*); Österreich 1903 (*157*); Tschechoslowakei 1903 (*157*), 1911 (*170*), 1924[2], 1925 (*130*); Frankreich

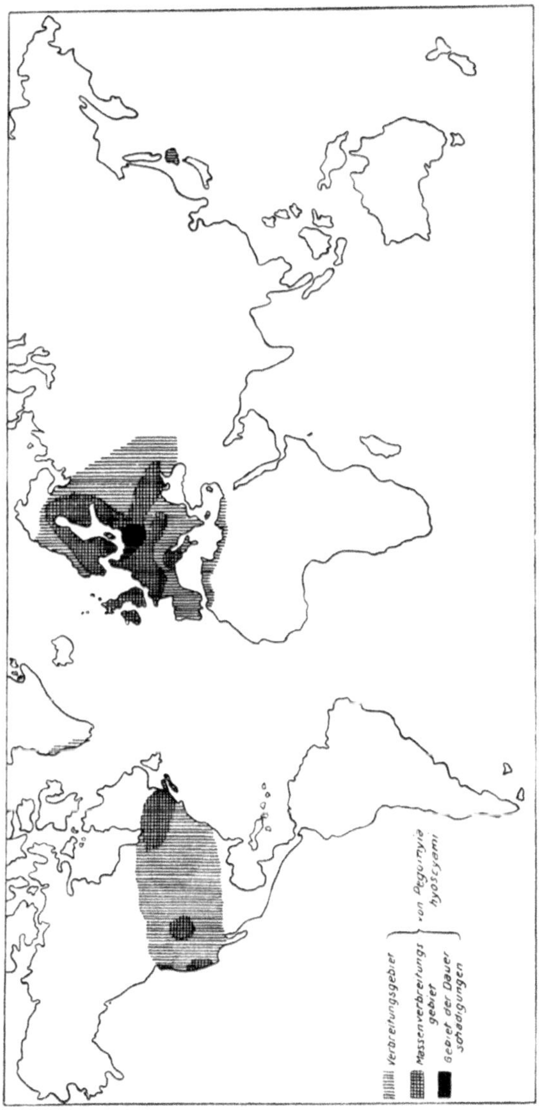

Abb. 30. Verbreitungsgebiet, Massenverbreitungsgebiet und Gebiet der Dauerschädigungen der Rübenfliege.

1892 (Normandie) (*41*, *42*); Canada 1924 (Ontario) (*140*), 1925/1926 (Quebec) (*116*, *117*); Vereinigte Staaten von Nordamerika 1881 (New York)

[1] FRYER in lit.

[2] ZIMMERMANN in lit.

(*112*), 1891 (California) (*79*), 1894 (New York) (*153*), 1896 (New York, Rhode Island) (*58, 153*), 1899 (New York) (*159*), 1910/1911 (New Jersey) (*154*), 1915/1916 (New York) (*58*), 1922 (Utah) (*70*), 1924 (Connecticut) (*37*).

Innerhalb des so gekennzeichneten weiteren Massenverbreitungsgebietes liegt in Europa eine enger begrenzte Fläche, auf der *Peg. hyoscyami* ein Schädling von besonderer wirtschaftlicher Bedeutung ist.

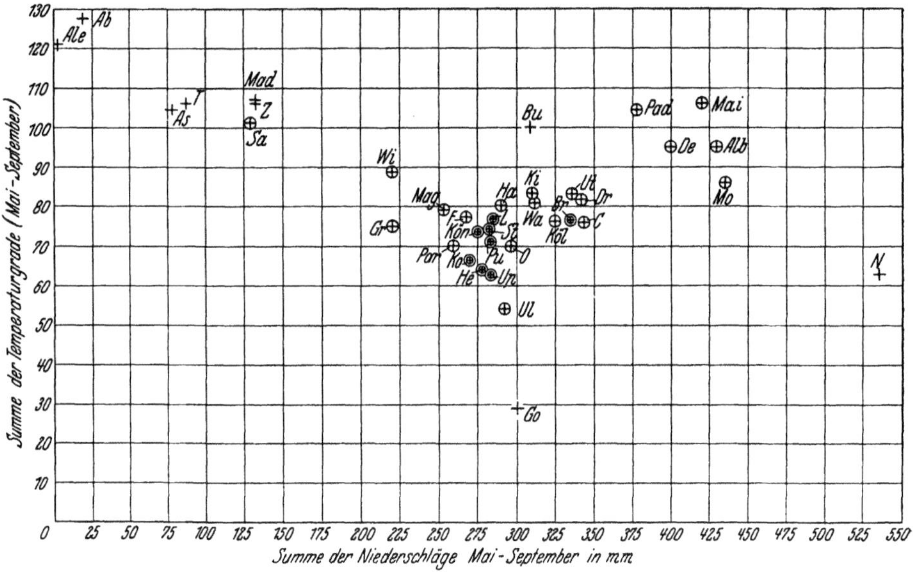

Abb. 31. Sommerklima verschiedener Orte im Verbreitungsgebiet der Rübenfliege, graphisch dargestellt. Zeichenerklärung zu Abb. 31: + = vereinzeltes Vorkommen, ⊕ gelegentliches Massenauftreten, (⊕) häufiges Massenauftreten der Rübenfliege. Ab = Abilene (Texas, U.S.A.) [Daten nach (*45*)], Alb = Albany (New York, U.S.A.) (*45*), Ale = Alexandria (Ägypten) (*45*), As = Astrachan (Rußland) (*45*), Br = Breslau (Deutschland) (*185*), Bu = Bukarest (Rumänien) (*45*), C = Cleve (Deutschland) (*185*), De = Detroit (Michigan, U.S.A.) (*45*), Dr = Dresden (Deutschland) (*185*), F = Frankfurt a. d. Oder (Deutschland) (*185*), Go = Godthaab (Grönland) (*67*), Gr = Greenwich (England) (*45*), Ha = Halle (Deutschland) (nach Prof. HOLDEFLEISS, Halle), He = Helsingfors (Finnland) (*45*), Ki = Kiew (Rußland) (*45*), Köl = Köln (Deutschland) (*185*), Kön = Königsberg i. Preußen (Deutschland) (*185*), Ko = Kopenhagen (Dänemark) (*45*), L = Landsberg a. d. Warthe (Deutschland) (nach Prof. SCHANDER, Landsberg), Mad = Madrid (Spanien) (*45*), Mag = Magdeburg (Deutschland) (nach Prof. HOLDEFLEISS, Halle), Mai = Mailand (Italien) (*45*), Mo = Montreal (Canada) (*45*), N = Nemuro (Japan) (*45*), O = Oslo (Norwegen) (*45*), Pad = Padua (Italien) (*67*), Par = Paris (Frankreich) (*45*), Pu = Putbus (Deutschland) (*185*), Sa = Salt Lake City (Utah, U.S.A.) (*67*), St = Stettin (Deutschland) (*185*), T = Tanger (Marokko) (*45*), Ul = Uleåborg (Finnland) (*67*), Up = Upsala (Schweden) (*45*), Ut = Utrecht (Holland) (*45*), Wa = Warschau (Polen) (*45*), Wi = Wien (Österreich) (*45*), Z = Zaragoza (Spanien) (*67*).

Diese Bedeutung erhellt aus den zahlreichen Meldungen der Landwirtschafts- und Pflanzenschutzstatistik und der den Gegenstand behandelnden Literatur der betreffenden Gegenden. Dieses Gebiet der Dauerschädigungen umfaßt, soweit bisher zu erkennen, Nord- und Ostdeutschland, Dänemark und Südschweden (Abb. 30). Möglicherweise sind die an diese Zone nördlich anschließenden Länder ihren klimatischen Bedingungen nach ihr zuzurechnen, und die Rübenfliege tritt dort nur darum nicht in gleicher Stärke in Erscheinung, weil die nördliche Grenze des Zuckerrübenbaues bereits überschritten ist. Das Gebiet der Dauerschädigungen durch *Peg. hyoscyami* ist annähernd das nördliche Grenzgebiet des Zuckerrübenbaues in Europa.

Sucht man die klimatischen Bedingungen für das Massenauftreten von Rübenfliegen, so hat man nach dem oben[1] Gesagten nur das Sommerklima zu berücksichtigen. In Abb. 31 ist das Klima verschiedener in Rübenbaugegenden oder im bekannten Verbreitungsgebiet von *Peg. hyoscyami* gelegener Städte in der Weise veranschaulicht, daß es als Schnittpunkt der Ordinaten: Summe der durchschnittlichen Temperaturgrade und Summe der durchschnittlichen Niederschlagsmengen für Mai—September erscheint (*93*). Dabei wird erneut ersichtlich, daß die Rübenfliege außerordentlich eurytherm und euryhygr ist: sie kommt bei einer durchschnittlichen Temperatur der 5 Sommermonate von 6—25° C und einer entsprechenden monatlichen Niederschlagsmenge von 0—110 mm vor. Das Massenauftreten hat jedoch schon engere klimatische Grenzen: etwa 10—21° C und 40—90 mm Sommermonatsdurchschnitt[2]. Das Gebiet der Dauerschädigungen schließlich scheint im wesentlichen eine Durchschnittstemperatur von 12—16° und einen durchschnittlichen monatlichen Niederschlag von 50—60 mm im Sommer zu haben. Die Gefahr von Rübenfliegenkalamitäten ist also am größten im kühlen, gemäßigten Klima bei mittleren Niederschlägen.

Die Gründe dafür dürften, soweit bisher zu erkennen, nach den Ausführungen über den Massenwechsel der Rübenfliege im folgenden liegen: in der Richtung auf das arktische Klima hin wird die Nahrungsmenge zum begrenzenden Faktor für die Entwicklung von Rübenfliegenmassen; der Rübenbau hört dort auf; wo Rote Rübe gebaut wird, kommt es in Lappland unter fast 68° nördlicher Breite noch zu Rübenfliegenschäden (*81*). Nach dem wärmeren gemäßigten und subtropischen Klima hin bringt das verstärkte Auftreten von Parasiten und die tötende Wirkung der Trockenheit auf die Eier die Vermehrungsbegrenzung. Bezeichnend ist, daß aus wärmeren Ländern[3] häufig weniger Generationen gemeldet werden als aus kühleren; dieses Ausbleiben von Generationen ist nur scheinbar und durch starke Dezimierung, vielleicht auch in extrem warmen Gegenden durch Sommerschlaf begründet. Sehr niederschlagsreiches Klima hemmt die Vermehrung durch Störung der Fortpflanzungsgeschäfte.

---

[1] S. 73.

[2] Hier mit einer Ausnahme: Salt Lake City (Utah, U.S.A.) mit etwas über 25 mm Niederschlag. Ob die Klimadaten der Stadt den Klimaverhältnissen der Gegenden des Staates entsprechen, in denen Rübenfliegenschäden vorkommen (*70*), ist uns unbekannt.

[3] Südrußland (*181*), Frankreich (*50*), Marokko (*122*), Utah, U.S.A. (*70*).

Wie aus Abb. 28 und 30 ersichtlich, ist tatsächlich das „Gebiet der Dauerschädigungen" der Rübenfliege identisch mit dem nördlichen Grenzgebiet des Zuckerrübenbaues in Europa. Eine Ausnahme bilden die in Nordwesteuropa liegenden Gegenden mit atlantischem Klima, aus denen Meldungen über Rübenfliegenschäden nur sehr selten kommen. Die Gründe für das Ausbleiben von Epidemien in diesen Ländern sind noch nicht analysiert; möglicherweise wirkt der starke Feuchtigkeitsgehalt der Luft dadurch ähnlich wie stärkere Niederschlagsmenge, daß er häufigere, wenn auch schwächere Regenfälle verursacht. Außerdem wirkt die langsame Frühjahrserwärmung dieser Gegenden in dem Sinne, daß die Entwicklung der überwinternden Rübenfliegenpuppen vermutlich schon oft abgeschlossen ist, ehe die Rüben mit ihren höheren Temperaturansprüchen aufgelaufen sind, so daß die erste Schädlingsgeneration dann nur einen begrenzten Nahrungsvorrat vorfinden mag (*32*).

D. Die Form der Rübenfliegenepidemie.

Die Kenntnisse von der Form der Rübenfliegenepidemie sind gering. Ihr Beginn ist kaum je eingehender beobachtet worden, da wohl stets erst im Höhepunkt der Epidemie sachverständige Beobachter herbeigerufen worden sind.

Da die Rübenfliege in ihren hauptsächlichsten Befallsgebieten drei Generationen im Jahre hat, können die einleitenden Stadien der Epidemie in jeweils wenigen Wochen, also sehr kurzer Zeit, durchschritten werden. Das erschwert den Einblick in ihre Bedingungen außerordentlich. Meteorologische Daten für so kurze, kalendermäßig kaum zu begrenzende Zeiträume sind nur schwer zu erhalten.

Es ist infolgedessen praktisch unmöglich, mit Ausnahme vom Herbst zum Frühjahr[1], langfristige Prognosen zu stellen. Zwar ist die Vermehrungsquote der Rübenfliege wohl nicht groß genug, um das „Eruptionsstadium" (*12*, *54*) unmittelbar aus dem „eisernen Bestand" entstehen zu lassen; es muß ein „Vorbereitungs-" und ein „Prodromalstadium" (*12*, *54*) vorangegangen sein. Innerhalb eines Sommers kann jedoch die Vermehrung stark genug sein, um zu Beginn des nächsten Jahres die „Eruption" zu ergeben.

Nach den am Eruptionsstadium selbst angestellten Beobachtungen ist das Vermehrungsschicksal der Rübenfliegenmasse infolge der starken örtlichen Verschiedenheit der Feldbedingungen und der hohen Ortsfestigkeit der Fliege wenig einheitlich und räumlich in Einzelschicksale zahlreicher Populationen aufgeteilt. „Überflüge" kommen zwar sicher vor, sind aber nicht die Regel; ausgenommen ist natürlich das allgemeine Suchen der legereifen Weibchen nach den frisch aufgelaufenen

---

[1] Vgl. S. 87.

Rübenfeldern im Frühjahr. Die genannte Zersplitterung der Schädlingsmasse in Einzelpopulationen von teilweise recht verschiedenem Schicksal erschwert zu Zeiten den Einblick in die Gesamtbedingungen der Epidemie[1].

Charakteristisch für das Verhalten der Epidemie nach dem Höhepunkt scheint eine Tendenz zur Ausbreitung zu sein (*32*), für die Schlußperiode der Epidemie das Übrigbleiben von einzelnen Horsten mit verstärktem Schädlingsbestande. Es entspricht dem eben gekennzeichneten verschiedenen Einzelverhalten von Populationen während des Eruptionsstadiums (*32*). Die Möglichkeit besteht, daß derartige Horste bei entsprechenden Wetterbedingungen zu Herden für eine neue Epidemie werden. Gewöhnlich wird der Verlauf der *Pegomyia*-Epidemie eine Welle mit mehreren Gipfeln bilden, die sich über viele Jahre erstrecken kann.

E. Die Witterungsbedingungen für den Ausbruch einer einzelnen Rübenfliegenkalamität.

Die in den vorangegangenen Kapiteln geschilderten Schwierigkeiten in der Analyse der einzelnen Rübenfliegenkalamität erfordern es, sich hier auf die verhältnismäßig am besten bekannten Fälle von Massenschwankungen der Rübenfliege in Europa zu beschränken. Die Hauptschädigung erfolgt dort stets durch die erste Generation, die bedingende Witterung ist also die des Vorsommers.

In Abb. 32 sind die durchschnittlichen Monatsregenmengen der Sommer auf der Abszisse, die durchschnittlichen Monatstemperaturen der Sommer auf der Ordinate aufgetragen, und zwar für a) Kopenhagen 1905—1920, b) Putbus 1919 bis 1926, c) Breslau 1920—1928. Es handelt sich durchweg um Perioden, während welcher die Rübenfliege in den betreffenden Gegenden mindestens in namhaften Mengen vorhanden war; für die südliche Station Breslau ist der Durchschnitt aus den Daten der Monate Mai bis September, für die beiden nördlichen aus den den Sommerverlauf dort besser kennzeichnenden Daten der Monate Juni bis August errechnet. Die Vorjahre von starkem Rübenfliegenbefall sind durch kleine Kreise hervorgehoben.

Aus Abb. 32 geht hervor, daß in den dargestellten Fällen sämtliche Epidemie-Vorsommer unternormale Temperatur aufwiesen. Das ist zunächst nur ein statistisches Ergebnis und gilt nur für Nord- und das nördliche Mitteleuropa. Im Einzelfalle hat sich dort gezeigt, daß das Abflauen einer Epidemie bei warmem, trockenem Sommerwetter unter starker Sterblichkeit der Eier und Junglarven und vermehrtem Auftreten von Schmarotzern und räuberischen Feinden vor sich ging (*29*, *32*).

---

[1] Im Gegensatz zu den viel einheitlicheren Verhältnissen z. B. bei der Massenvermehrung der Forstschädlinge.

Aus Südeuropa (Italien) wird angegeben, daß dort die Rübenfliege um so schwächer auftritt, je heißer und trockener der Sommer ist[1].

Daß auch die Feuchtigkeit bzw. die Niederschlagsmenge für das Auftreten von Rübenfliegenepidemien von Bedeutung ist, unterliegt keinem Zweifel. Statistisch ließ sich diese Bedeutung bisher nicht erfassen (Abb. 32). Offenbar geben die monatlichen Niederschlagsmengen an einzelnen meteorologischen Stationen noch kein genügend klares Bild über die Feuchtigkeitsverhältnisse der betreffenden Gegend; sie enthalten u. a. auch nicht die ökologisch sicher besonders wichtige

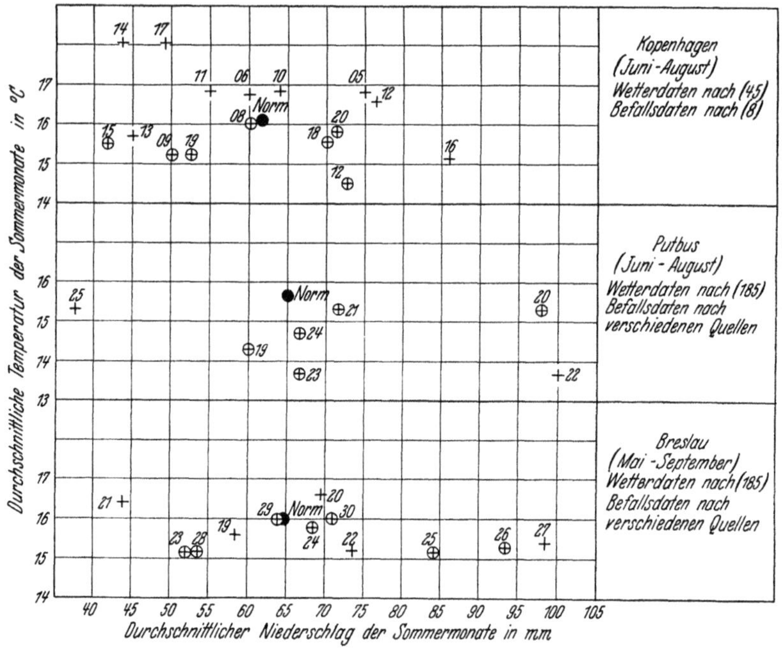

Abb. 32. Abhängigkeit des Auftretens von Rübenfliegenepidemien von der Witterung des Vorsommers. Erläuterung im Text.

Niederschlagsverteilung. Doch ließ sich im Einzelfalle nachweisen, daß mit steigender Niederschlagshöhe im Sommer (Deutschland 1929) der Prozentsatz parasitierter Rübenfliegenpuppen im Herbst abnahm (*93*). Zunahme der Feuchtigkeit im Sommer scheint also das Auftreten einer Massenvermehrung der Rübenfliege zu begünstigen, allerdings nur bis zu einer gewissen Grenze, oberhalb deren wieder eine Hemmung der Vermehrung eintritt (*32*, *88*, *89*, *91*).

Als bisher bekannte Vorbedingungen für das Eintreten von Rübenfliegenkalamitäten im mittel- und nordeuropäischen Klima lassen sich also folgende Faktoren zusammenfassen:

---

[1] Briefliche Mitteilung von Prof. MUNERATI.

1. Vorhandensein größerer Flächen von *Beta*-Rüben.
2. Ein nicht zu geringer Fliegenbestand im Vorjahr.
3. Unternormale Temperatur im Vorsommer.
4. In gewissen Grenzen übernormale Feuchtigkeit im Vorsommer.

Durch die letzten beiden Bedingungen unterscheidet sich die Massenvermehrung der Rübenfliege sehr wesentlich von derjenigen der meisten anderen epidemischen Schädlinge aus der Klasse der Insekten.

In anderen Klimaten werden voraussichtlich andere Bedingungen maßgebend sein. So liegen z. B. gewisse Anhaltspunkte dafür vor, daß an der regenreichen Ostküste der Vereinigten Staaten von Nordamerika die Rübenfliege gerade im Sommer mit unternormaler Niederschlagsmenge sich vermehrt (*93*).

F. Die Möglichkeit der Voraussage einer Rübenfliegenepidemie.

Eine erste Warnung vor Rübenfliegenschäden liegt in dem Eintreffen der am Schlusse des vorhergehenden Kapitels genannten Bedingungen. Darüber hinaus kann man nach den gesammelten Erfahrungen (*31*, *92*) zu einer ziemlich sicheren Prognose für die Stärke des kommenden Frühjahrsbefalls kommen, wenn man Material aus den Schlämmteichen der Zuckerfabriken während der Kampagne im Winter auf seinen Gehalt an Rübenfliegenpuppen und diese auf ihren Gesundheitszustand untersucht. Da die Puppen zum großen Teile in unmittelbarer Nähe der Rübenwurzeln liegen[1], kommt ein beträchtlicher Prozentsatz mit dem „Schmutz" in die Fabriken; infolgedessen läßt sich dort ein ziemlich richtiger Einblick in die Lage auf den Feldern gewinnen.

Die Mehrzahl der in die Zuckerfabrik gelangenden Rübenfliegenpuppen sammelt sich an der Oberfläche des Teiches, in den das aus der Rübenwäsche kommende Wasser zuerst gelangt. Mit dem Strom treiben sie hier meistens in gehäufter Zahl an ganz bestimmte Stellen in die Ecken und toten Winkel oder an die Ränder der Teiche. Oft staut sich auch das schwimmende Genist mit den Tönnchen in großer Menge vor den mit Reusen oder anderweitig abgedichteten Abflüssen des ersten, seltener des zweiten Teiches. Zu beachten ist, daß die Puppen unmittelbar auf dem Wasser schwimmen, sich also nicht auf oder in, sondern unter der Schlamm- oder Schaumschicht befinden, die nicht selten große Teile der Klärteiche bedeckt.

Wesentlich ist zunächst die Menge der in diesem Material zu findenden Puppen. Wenn hier auch Zahlen nur geringen Wert haben, da je nach der Anlage der Klärvorrichtungen das Genist sich in verschiedener Weise sammelt und auch die Entnahme auf verschiedene Weise vor sich gehen wird, so sei doch mitgeteilt, daß bei starkem Befall der Herbstgeneration

---

[1] Siehe S. 36.

mehrere hundert bis mehrere tausend Puppen in 1 cdm des Genistes gefunden worden sind (*92*).

Prognostischen Wert erhält die Mengenfeststellung jedoch erst durch die weitere Untersuchung, welcher Anteil der Puppen gesunde Fliegennymphen enthält. Diese lassen sich leicht durch ihre rotbraune Färbung von den schwärzlichen toten und parasitierten Puparien unterscheiden. Bei Stellung der Prognose ist jedoch zu beachten, daß theoretisch ein Ausmerzungsprozentsatz von 96% der gesamten Nachkommenschaft noch eben den Bestand erhält. Findet man bei hoher absoluter Puppenzahl etwa 50% von Schmarotzern besetzt, so wird man noch einen starken Befall im kommenden Frühjahr erwarten müssen. Erst bei etwa 90% Parasitierung kann man unter Miteinschätzung der schon vorher im Ei- und Larvenstadium eingetretenen Verluste mit Sicherheit vorhersagen, daß ein starker Frühjahrsbefall nicht droht. Ein weiterer Anhaltspunkt für die Prognose ist endlich die nachträgliche Feststellung des Klimas des vergangenen Sommers (*102*) oder der vergangenen Vegetationsperiode (*93*). Eine solche Vorhersage hat sich verschiedentlich in der Praxis als zutreffend erwiesen.

V. Bekämpfung.

A. Die Niederhaltung der Rübenfliege durch Kulturmaßnahmen.

Es wird das Bestreben einer jeden Schädlingsbekämpfung sein, mit Maßnahmen auszukommen, die ohnehin schon beim Anbau des bedrohten Kulturgewächses üblich sind und möglichst wenig Anschaffungen und Sonderleistungen erfordern. Das Ideal kann als erreicht angesehen werden, wenn es auf diese Weise gelingt, den Feind gar nicht erst aufkommen zu lassen, d. h. seinem Auftreten vorzubeugen (Prophylaxis).

Nun gibt es aber bei der Bewirtschaftung einer Feldfrucht in der Reihe der allgemein üblichen Maßnahmen neben solchen, die einer Schädlingsplage gegenüber prophylaktisch wirken, auch andere mit therapeutischer, also direkter Bekämpfungswirkung. Oft genügt eine geringe zeitliche oder auch technische Änderung eines Arbeitsganges, um diesen Nutzen wesentlich zu steigern. Es sollen also im folgenden beide Arten von Maßnahmen gemeinsam besprochen und der direkten Bekämpfung mit den in der Kultur nicht üblichen Verfahren gegenübergestellt werden.

Der Niederhaltung des Rübenfliegenschadens dienen grundsätzlich alle Maßnahmen, die geeignet sind, die Rübe selbst in ihrem Wuchs zu fördern und zu kräftigen. Eine schon aus anderen Gründen geschwächte Pflanze wird der Fliege leichter zum Opfer fallen als eine gesunde, frohwüchsige, und der durch die Maden hervorgerufene Blattverlust kann eher wieder ausgeglichen werden, wenn der Rübe in jeder Richtung möglichst optimale Lebensbedingungen geboten werden (siehe S. 69).

In diesem Sinne ist schon die Vorfrucht nicht unwichtig. Die praktische Erfahrung hat gezeigt, daß die Rübe in der Fruchtfolge höchstens alle 3—4 Jahre erscheinen darf. Zunächst wird auf diese Weise vermieden, daß Bodenschädlinge, im besonderen Nematoden, im Acker angereichert werden; darüber hinaus sind es agrikulturtechnische und betriebswirtschaftliche Gesichtspunkte (*137*, *138*), auf die hier im einzelnen nicht eingegangen werden kann, die aber auf möglichst kräftiges Wachstum der Pflanzen abzielen.

Eine besondere Beachtung erfordert auch die Düngung vom phytopathologischen Standpunkt. Was zunächst den Stallmist anbetrifft, so hat sich vielfach eingebürgert, ihn zu Rüben (im Herbst) zu geben, da diese Pflanze für eine weitgehende Lockerung und Durchlüftung des Erdreichs besonders dankbar ist, der Boden sich im Frühjahr schneller erwärmt und die Bakterientätigkeit günstig beeinflußt wird. Vom Standpunkt der Verhütung von Rübenfliegenschäden hat man aber empfohlen, Stalldünger zu Rüben zu vermeiden, da er die Fliegen anlocke (*128*), oder den Dünger aus diesem Grund doch wenigstens im Herbst tief einzuackern (*3*, *172*). Der exakte Nachweis einer Anziehungskraft tierischen Düngers ist jedoch in keinem Falle erbracht worden. Es erscheint daher bedenklich, aus dem oben angeführten Grunde von der Verwendung natürlicher Düngemittel zu Rüben abzuraten.

Zur Bekämpfung der Rübenfliege wird gelegentlich, besonders auch aus der Praxis, der Düngung mit Kalkstickstoff das Wort geredet. Daß reichliche und zeitgerechte Gaben von Kalkstickstoff imstande sind, die Rüben sehr zu kräftigen und sie im Kampf gegen den Schädling zu unterstützen, soll nicht bestritten werden. Darüber hinaus aber wird behauptet, daß größere Mengen künstlicher Düngemittel, besonders von Kalkstickstoff (oder Ätzkalk), einen geringen Rübenfliegenbefall zur Folge haben. Dabei mag die Vorstellung mitspielen, daß derartige Chemikalien geeignet seien, die Maden oder Puppen zu vernichten (*3*, *48*, *98*, *110*). Diese Annahme läßt sich jedoch nach eigenen Beobachtungen und Versuchen, bei denen starke und sehr starke Gaben zu den verschiedensten Zeiten verabfolgt wurden, nicht aufrecht erhalten. Die Fliegen selbst werden auf diese Weise überhaupt nicht getroffen, die Maden nur dann, wenn gleichzeitig auch die Blätter vernichtet werden. Eier und Puppen sind gegen die üblichen Gaben aller Mineraldünger vollkommen widerstandsfähig. Besser sind die Aussichten, wenn man, wie schon oben angedeutet, die Düngemittel mit Rücksicht auf das Wachstum der Rüben anwendet. Hier sind es vor allem neben einer ausreichenden Gabe von Kali und Phosphor die leichtlöslichen stickstoffhaltigen Düngemittel, die, im richtigen Augenblick angewendet, ein schwer heimgesuchtes Feld oft überraschend schnell wieder zur Wuchsfreudigkeit bringen können. Dabei wird es örtlichen Erfahrungen überlassen bleiben müssen, ob ein- bis zweimalige starke oder mehrfache kleinere Gaben angebracht erscheinen.

Daneben ist der Kalkdüngung besondere Aufmerksamkeit zu schenken. Die Rübe hat ihr Wachstumsoptimum auf neutralem Boden (*2*). Oft kann man beobachten, daß die schwersten Madenfraßschäden auf saurem, kalkarmem, für das Rübenwachstum ungünstigem Boden auftreten.

Abgesehen von der tiefen Herbstfurche vor der Bestellung der Rüben ist auch eine solche nach Aberntung des Feldes empfohlen worden. Ziel dieser Maßnahme sollte eine Vernichtung der in der Erde befindlichen Puppen der Rübenfliege sein. Allerdings gehen die Meinungen über die Einzelheiten hierbei weit auseinander. So glaubt z. B. RAMBOUSEK (*128*), auf diese Weise die tiefliegenden Puparien an die Oberfläche befördern zu können, wo sie durch Frost und Nässe vernichtet werden sollen, während SIRRINE (*153*) die Puppen beim Pflügen tiefer verlagern möchte, um die Fliegen an der Durchdringung der hohen Erdschicht zu hindern. Schon KLEINE (*100*) erhebt gegen dieses Verfahren Einspruch, da der Erfolg fraglich bliebe und überdies in Jahren mit zeitigen Frösten ein Tiefpflügen der Rübenschläge nicht mehr möglich ist. Tatsächlich tritt mit der tiefen Pflugfurche nur eine gleichmäßige Tiefenverteilung der Puppen in der gerührten Schicht ein (*25*). Da fernerhin die schlüpfenden Fliegen ohne weiteres Erdschichten von $^1/_2$ m Dicke zu durchdringen vermögen (*19*), ist es vom Pflanzenschutzstandpunkte zwecklos, von Rübenfliegen befallene Felder unmittelbar nach der Ernte tief umzupflügen; die vom ackerbaulichen Standpunkt herrührenden Bedenken gegen diese Maßnahme sind bekannt.

Mit Sortenwahl ist zur Verhütung der Rübenfliegenschäden nichts auszurichten. Nach unseren mehrjährigen Beobachtungen und Versuchen gibt es keine unanfällige oder auch nur relativ widerstandsfähige Rübensorte.

Von besonderer Bedeutung ist die Aussaatzeit. Ausgehend von der Tatsache, daß die zuerst bestellten Rübenschläge in der Regel viel stärker befallen werden als mittelspäte oder sehr spät aufgelaufene Felder, und unter dem Eindruck, daß die Eiablage der Fliege schlagartig erfolgt und nur wenige Tage andauert, wurde empfohlen (*100, 101*), die Rüben erst dann zu bestellen, wenn die Gefahr der Eiablage im wesentlichen beendet ist. Im einzelnen ging dieser Vorschlag dahin, „sehr zeitig einen kleinen Probestreifen mit Rüben zu besäen, um zu beobachten, wann die erste Eiablage stattgefunden hat. Da die Eiablage sich nur über wenige Tage hinzieht, so könnte sofort mit dem Drillen begonnen werden, weil dann die jungen Rüben gerade in der Entwicklung sind, wenn ein Befall zu erwarten ist.“ KLEINE glaubte eine solche Saatregel um so eher empfehlen zu können, als er einen ungünstigen Einfluß dieses Verfahrens auf die Ernte nicht beobachtet hatte, und durch spätere Aussaat erfahrungsgemäß die Zahl der „Schosser“ stark gemindert wird.

Wenn man zu einer Entscheidung über den Wert einer derartigen Regel gelangen will, müssen ihre Voraussetzungen untersucht werden. Dabei ergibt sich zunächst, daß die Annahme einer kurzen, schlagartig verlaufenden Frühjahrsflugzeit der Fliegen wohl in vielen Fällen berechtigt ist [Pommern 1921—1924 (*28, 100*)], aber nicht immer [Pommern 1925 (*29*), Schlesien 1928—1931 (*91*)]. Damit verliert die wichtigste, auf die Biologie des Schädlings gegründete Voraussetzung ihre allgemeine Gültigkeit.

Setzt man aber selbst diese als gegeben voraus, ergeben sich in der Praxis häufig derart späte Aussaattermine, daß die damit verbundene Verkürzung der Vegetationszeit für die Rübe Bedenken hervorrufen muß. Nach unseren bisherigen Erfahrungen (*28, 29, 88*) müßte die Aussaat meistens Ende Mai oder Anfang Juni angesetzt werden. Eine solche Verzögerung führt aber unbedingt zu einer Ernteminderung, welche die durch den Rübenfliegenschaden verursachte in den allermeisten Fällen weit überwiegen würde und auch durch die erreichte Minderung des Schosserprozentsatzes nicht ausgeglichen werden könnte. Daß die allgemeine Ansicht über die Abhängigkeit des Rübenertrages von der Vegetationsdauer (*137*) auch für Rübenfliegenschadgebiete und Schadjahre zutrifft, wurde von uns (*16*) nachgewiesen. Der Blattmadenbefall wird bei früh gedrillten Rüben zwar nicht vermieden; sie sind aber zur Zeit des Fraßes schon widerstandsfähiger und wachsen, gesunde Bodenverhältnisse vorausgesetzt, den Schädlingen schneller „aus den Zähnen".

So kommen wir auch vom Standpunkt der Verhütung von Rübenfliegenschäden zu einer Unterstreichung der Forderung (*137*), die Rüben so früh zu säen, „wie es Witterung, Bodenzustand und Gespannleistungen erlauben".

Schließlich ist noch zu berücksichtigen, daß die Notwendigkeit der zeitlichen Verteilung der Pflegearbeiten in den meisten Fällen dazu zwingt, die Aussaattermine über einen gewissen Zeitraum zu verteilen.

Die nächste Kulturmaßnahme, welche einer Erörterung vom Standpunkt der Verhütung von Rübenfliegenschäden bedarf, ist das Vereinzeln. Meist wird es wohl in zwei Arbeitsgängen erledigt, indem zunächst die Reihen durchgehackt, „verhauen" werden und später das „Verziehen" zu Einzelpflanzen mit der Hand erfolgt. Oft wird man vorteilhaft, auch bei drohendem Rübenfliegenschaden, ohne vorher zu verhauen, direkt aus der Zeile vereinzeln oder doch den Beginn beider Arbeiten so zeitig ansetzen, wie pflanzenbauliche und betriebswirtschaftliche Gesichtspunkte es ermöglichen. Jeder Tag, den die Rübe länger vereinzelt steht, wirkt sich in erhöhtem Ertrage aus. Es gibt aber eine Grenze für die Termine des Vereinzelungsbeginns, welche man nicht überschreiten darf, ohne daß die Gefahr der Lückenbildung größer wird als die der Ertragsminderung der Einzelrübe. Diese Grenze liegt bei um so späterem Datum, je weniger sicher man der Wuchsfreudigkeit seiner Jungpflanzen ist. Trifft schwerer Rübenfliegenbefall einen schon kümmernden Bestand, so wird die Möglichkeit einer konzentrierten Eiablage oder Madeneinwanderung auf die wenigen, nach dem Vereinzeln stehengebliebenen Pflanzen die Gefahr der Lückenbildung ganz erheblich erhöhen. In solchen Fällen wird es gut sein, mit dem betreffenden Vereinzelungsvorgang — meist wird es das Verhauen sein — solange zu warten, bis man sich überzeugt hat, daß die Eiablage in der Hauptsache beendet ist; das kann man durch Eizählungen an einer bestimmten Anzahl von Probepflanzen feststellen. Tritt, was seltener der Fall sein wird, die Gefahr nach dem Verhauen ein, so kann man sich dadurch helfen, daß man zur Niederhaltung des Unkrautes in den Reihen „um den Busch" hackt, also mit der Hacke zunächst nicht auf eine, sondern auf eine kleine Gruppe von Pflanzen vereinzelt und das Ausziehen der letzten Pflanzen später mit der Hand vornehmen läßt.

Der Gefahr der konzentrierten Madeneinwanderung in stehengebliebene Einzelpflanzen kann man zunächst dadurch begegnen, daß man nach im wesentlichen beendeter Eiablage so schnell wie möglich vereinzelt und dadurch die Hauptmasse der Larven an der Entwicklung hindert. Eier und Junglarven sterben nämlich an bzw. in vertrockneten Pflanzen ab, Altlarven dagegen wandern aus, um neue Nahrung zu suchen (*19*). Ist das Vereinzeln in diesem günstigen Zeitpunkt nicht möglich, so hat man noch einen zweiten Ausweg, die Masseninvasion der Maden zu verhindern: die Entfernung der ausgezogenen Pflänzchen vom Felde. Das ist immer wieder empfohlen (*5*, *99*, *108*, *128*, *135*, *150*, *172*), wegen der vermehrten Arbeit jedoch nur selten durchgeführt worden.

Da bei schwerem Madenfraß die kleinen, bis auf das Herz vertrockneten Rüben leicht von den Arbeitern übersehen werden, muß die Arbeit in solchem Falle besonders sorgfältig beaufsichtigt werden. Sicher ist das Weghacken schwer befallener Pflänzchen mit eine Ursache für die oftmals zu beobachtende starke Lückenbildung.

Von verschiedenen Seiten (unter anderem *176*), auch aus der Praxis, ist empfohlen worden, die Eier oder Larven mit der Walze zu zerdrücken. Selbst bei Anwendung der schwersten Walze lassen sich aber die kleinen Eier nicht so sehr der Unterlage anpressen, daß sie in großer Zahl verletzt oder zerdrückt werden. Die Larven sind aber sehr elastisch und halten besonders auf nachgebendem Boden einen hohen Druck aus. Wir fanden nach einmaliger Behandlung mit der schweren Walze in zwei Fällen gegen 10% vernichtete Eier und Larven, in einem anderen gegen 35%, jedoch waren dabei die Pflanzen schon zum großen Teil stark beschädigt. Somit muß das Verfahren als unbrauchbar abgelehnt werden[1].

Bei der Niederhaltung der Rübenfliege durch Kulturmaßnahmen kommt nicht zuletzt auch dem Hacken eine Bedeutung zu. Die allgemeine wuchsfördernde Wirkung der Hacktätigkeit ist bekannt; besonders dort, wo die Rüben durch die Fliege gelitten haben, sollte eifrig gehackt werden. Hierbei wird auch ein Teil der im Boden ruhenden Larven und Puppen gestört und an die Oberfläche gebracht, wo sie ihren Feinden, vor allem denen aus der Vogelwelt, zum Opfer fallen. Die direkte Einwirkung auf den Schädling darf allerdings nicht überschätzt werden; wenigstens hebt die Maschinenhacke die gelöste Erde in der Regel nur ab, ohne die Schichten umzulagern. Außerdem ruht besonders während der ersten Generation die Mehrzahl der Puppen in nächster Nähe der kleinen Rübenpflänzchen, so daß sie von der Hacke kaum erfaßt wird.

Besonders wichtig ist aber die Hacktätigkeit in Bezug auf die Unkrautbekämpfung. Sie gewinnt für uns an Interesse, da die auf den Rübenschlägen häufigen „Melden"[2] zugleich Wirtspflanzen der Rüben-

[1] Auch v. LENGERKE (*109*) berichtet über einen vergeblichen Versuch, die Rübenfliege durch Walzen der Schläge zu bekämpfen.

[2] Im weiteren Sinne.

fliege sind. Diese Pflanzen müssen natürlich vernichtet werden, da sie der Kulturpflanze Nährstoffe und Licht entziehen.

Fassen wir zusammen, so ergibt sich, daß bei zweckentsprechender Durchführung der üblichen Kulturmaßnahmen wohl eine Entlastung der unter Larvenfraß leidenden Rüben erreicht werden kann, aber keine restlose Vernichtung der Schädlinge oder eine Herabminderung der Schäden zu völliger Bedeutungslosigkeit. Deshalb bleibt zur Zeit nur übrig, Methoden in Erwägung zu ziehen, die aus dem Rahmen der stets angewandten Kulturmaßnahmen herausfallen.

B. Biologische Bekämpfung.

Wenn wir den Versuch machen wollen, die Rübenfliege auf „biologischem“ Wege zu bekämpfen, so bedeutet das, daß wir danach streben, durch einen Eingriff einen oder mehrere ihrer natürlichen Feinde in der Vermehrung oder im Angriff auf den Schädling zu begünstigen. Obwohl unsere augenblicklichen Kenntnisse von den natürlichen Feinden der Rübenfliege noch unvollkommen sind, lassen sich doch unter Berücksichtigung der Erfahrungen, die man in anderen ähnlichen Fällen gesammelt hat, eine Reihe Möglichkeiten kritisch beleuchten. Häufig wird man sogar auf Grund der Beobachtungen von vornherein von Versuchen Abstand nehmen können.

Verhältnismäßig aussichtsreich erschien zunächst eine biologische Bekämpfung von *Peg. hyoscyami* mit Hilfe ihrer

1. Eiparasiten.

In Europa kommt als einziger Vertreter dieser Gruppe der leicht künstlich zu vermehrende Chalcidier *Trichogramma evanescens* WESTW. in Frage. Wir haben in den Jahren 1925 und 1927 dreimal versucht, größere Mengen von *Trichogramma evanescens* (jeweils 10000—30000 Stück) in Form von schlüpfreifen Nymphen im Innern von parasitierten Mehlmotteneiern auf Rübenfeldern auszusetzen, und zwar zweimal gegen die Frühjahrs-, einmal gegen eine Sommerbrut[1]. Das Ansetzen geschah mit größter Vorsicht. Besonders auf dem Felde wurden die empfindlichen Eier bzw. Wespen nach Möglichkeit schädlichen Witterungseinflüssen entzogen (*19*). Auch der Termin des Versuchsbeginns wurde mit Rücksicht auf die Biologie der Wespen so gewählt, daß den frisch schlüpfenden Imagines sofort Rübenfliegeneier in großer Zahl zur Verfügung standen. Trotz wiederholter Nachprüfung wurden weder die Wespen auf dem Felde noch von ihnen infizierte Eier gefunden.

2. Larven- bzw. Puppenparasiten.

Die Möglichkeit, Larvenparasiten zur biologischen Bekämpfung der Rübenfliege heranzuziehen, hat zuerst UZEL (*171*) erörtert. Er konnte den Braconiden *Opius nitidulator* NEES, der in Böhmen als wichtigster Parasit der Rübenfliege seinen Wirt ständig in Schach hält, in Italien nicht auffinden und empfahl des-

---

[1] Das Material entstammte den Massenzuchten des unter Leitung von Herrn Prof. HASE stehenden Laboratoriums für physiologische Zoologie an der Biologischen Reichsanstalt in Berlin-Dahlem und wurde von uns im Laboratorium mit Mehlmotteneiern vermehrt.

halb, ihn dorthin einzuführen, in der Erwartung, daß er auch hier die Vermehrung von *Peg. hyoscyami* wesentlich einschränken würde. Zu einer Durchführung dieses Vorschlages ist es unseres Wissens nicht gekommen.

Überblickt man die Listen der Parasitengarnituren der verschiedenen Länder und Erdteile, im besonderen zunächst in Bezug auf die Braconiden, so muß der Erfolg der Verpflanzung einzelner Arten allerdings große Zweifel aufkommen lassen. Als Beispiel mag gerade *O. nitidulator* dienen. Er ist in Schweden, England, Deutschland, Frankreich, Österreich (Böhmen) und Rußland bekannt und in den meisten Ländern sogar von erheblicher Bedeutung (*34*). Hiernach ist anzunehmen, daß er in Europa ganz allgemein heimisch ist, und daß sein Fehlen (oder sein zahlenmäßig geringes Auftreten) in bestimmten Gebieten nur besagt, daß er nicht überall in Europa gleich günstige Fortpflanzungsbedingungen findet.

Ähnlich liegen die Verhältnisse in Bezug auf die anderen Braconiden. Gerade die Gattung *Opius*, die unter ihnen überall die wichtigsten Larvenparasiten der Rübenfliege stellt, ist in allen rübenbautreibenden Ländern zumeist sogar mit zahlreichen Arten vertreten. So erscheinen Namen wie *Opius spinaciae* THOMS., *Opius ruficeps* WESM. und *Opius fulvicollis* THOMS. mehrfach wieder. Die Aussicht, mit der Überführung einer dieser Arten in ein Gebiet, in dem sie anscheinend nicht vorkommt, wirklich die Neueinbürgerung einer Art von erheblichem Bekämpfungswert vorzunehmen, wird dadurch sehr gering.

Etwas anders liegen vielleicht die Bedingungen bei Austausch einzelner Parasitenarten zwischen verschiedenen Erdteilen, besonders zwischen Europa und Amerika. Zwar kennt man auch dort sechs Vertreter der Gattung *Opius* als Parasiten von *Peg. hyoscyami*, doch fehlt in den Vereinigten Staaten auffallenderweise gerade *O. nitidulator*, der in Europa infolge seiner Verbreitung und seiner Häufigkeit wohl als der wichtigste Feind der Rübenfliege anzusprechen ist.

Die Wahrscheinlichkeit, die Verpflanzung eines Parasiten mit Erfolg durchzuführen, steigt, wenn nicht nur neue Arten einer bisher schon vorhandenen Gattung, sondern Vertreter einer in der Parasitengarnitur eines bestimmten Schädlings noch nicht vorhandenen Gattung eingeführt werden können. Auch in diesem Fall kämen zunächst nur solche Arten in Frage, die wenigstens in einer Gegend einen ansehnlichen Bekämpfungswert besitzen. Unter diesem Gesichtspunkte haben wir von Amerika vorläufig wohl kaum etwas zu erwarten. Neben den sechs *Opius*-Arten und dem Eiparasit *Tr. minutum* RILEY kommt dort nach den bisherigen Kenntnissen nämlich nur noch *Apanteles trachynotus* VIER. vor, der aber jenseits des Ozeans kaum eine Rolle spielt, im übrigen in *Apanteles congestus* NEES schon wenigstens in Böhmen einen Konkurrenten derselben Gattung besitzt (*128*).

Aber umgekehrt besteht vielleicht die Möglichkeit, daß Amerika von uns mit Erfolg die als Rübenfliegenparasit drüben nicht vorkommende Gattung *Phygadeuon* durch die Art *pegomyiae* HABERMEHL einführt. Da sie tatsächlich in Deutschland großen Bekämpfungswert besitzt und bisher nur hier angetroffen wurde[1], liegt diese Möglichkeit auch für die anderen rübenbauenden Länder Europas sehr nahe. Technisch sind keine Schwierigkeiten vorhanden.

3. Imaginalparasiten.

Der einzige bisher beobachtete Imaginalparasit der Rübenfliege ist der auch bei der Stubenfliege und hier besonders im Hochsommer auftretende Pilz *Empusa muscae* COHN. Da dieser meist als Schwächeparasit gegen Ende der Flugzeit auf-

[1] Nach unseren Zuchten aus dem Jahre 1930 auch in den Niederlanden.

tretende Schmarotzer sich gelegentlich schon während der Hauptflugzeiten bemerkbar macht und manchmal sogar dem Auftreten des Schädlings ein vorzeitiges Ende zu bereiten scheint, war es immerhin angebracht, wenigstens im Laboratorium eine künstliche Masseninfektion der Fliegen zu versuchen. Nach den schon bei anderen Schädlingen aus der Insektenwelt auf dem Gebiete künstlicher Pilz- und Bakterieninfektion gemachten Erfahrungen waren die Hoffnungen für einen praktischen Erfolg allerdings von vornherein nur gering (*53*). Tatsächlich ist es uns im Laboratorium weder durch Infektion des Bodens noch der Brutpflanzen, noch der Fliegen selbst gelungen, Krankheitserscheinungen bei ihnen hervorzurufen (*19*).

4. Räuber.

Am wenigsten dürften die Räuber der Rübenfliege einer biologischen Bekämpfung dieses Schädlings durch künstlichen Eingriff dienstbar gemacht werden können. Keine der im Abschnitt über die Parasiten und Feinde der Rübenfliege aufgeführten Arten ist der Fliege oder ihren Entwicklungsstadien besonders zugeordnet. Der Wert, den gewisse Wanzen als Vertilger der Eier und Larven und den unter anderen auch die Stare als Räuber der Larven und Puppen gelegentlich haben, soll darum nicht geschmälert werden. Aber die Beziehungen zwischen Räuber und Beute sind in diesen Fällen so lockerer Art und so stark dem Zufall unterworfen, daß sie sich zu einer rationellen Bekämpfungsmethode kaum ausnutzen lassen. So ist z. B. die Frage aufgeworfen worden, ob man nicht durch Hege der Stare eine wertvolle Hilfe im Kampfe gegen die Rübenfliege und verschiedene andere Schädlinge erhalten könnte. In ganz seltenen Fällen mag diese Maßnahme ihre Berechtigung haben, wie beispielsweise in der dünn besiedelten norddeutschen Marsch zur Bekämpfung der Wiesenschnake, also in einer Gegend, wo große Starenschwärme verhältnismäßig wenig Schaden anrichten können, und wo es ihnen an natürlichen Nistgelegenheiten mangelt. Im übrigen ist aber der Star ein Kulturfolger, der sich auch ohne unser Zutun stark vermehrt und unter anderem in Obst- und Weinbaugebieten leicht zur allgemeinen Plage werden könnte, wenn er hier nicht verfolgt würde. Überdies ist er wenig bodenständig. Die großen Schwärme, die sich in erster Linie bei Bekämpfung der Rübenfliege nützlich machten, wurden überwiegend von Jungstaren gebildet, die in der Regel in weit abgelegenen Gebieten erbrütet waren und ihrer Wanderlust und dem Trieb nach Nahrung nachgingen. Schon hieraus ergibt sich, daß man es selbst durch Schaffung von Nistgelegenheiten kaum in der Hand hat, einen bestimmten Bezirk mit Schwärmen von Jungstaren anzureichern.

C. Direkte Bekämpfung.

1. Mit mechanischen Mitteln.

Eine Bekämpfung der Rübenfliege mit mechanischen Hilfsmitteln, die außerhalb der gewöhnlichen Kulturmaßnahmen lagen, wurde von Frhr. v. Veltheim empfohlen (*173*). v. Veltheim benutzte ein Netz aus engmaschiger Drahtgaze von 6 m Länge und 80 cm Höhe, das an der Seite mit Traggriffen versehen war. Das Netz wurde mit Fliegenleim bestrichen und von zwei Leuten derart über die Rüben getragen, daß der untere Rand die Blätter eben noch streifte. Die Fliegen sollten dann von dem Netz aufgescheucht werden, hochfliegen und an dem Leim haften bleiben. Tatsächlich läßt sich auf diese Weise unter Umständen eine große Anzahl Fliegen fangen (*19*). Stellt man jedoch die Zahl der auf einer bestimmten Flächeneinheit gefangenen Fliegen fest und vergleicht sie mit der Zahl der noch übrig bleibenden bzw. überhaupt vorhandenen (die sich annähernd errechnen läßt), so kommt man zu dem Ergebnis, daß bei einmaliger Begehung des

Feldes nur ein geringer Prozentsatz[1] des Fliegenbestandes erbeutet wird. Um die Methode wirksam zu gestalten, müßte demnach das Abfangen mehrfach wiederholt werden. Die geringe Tagesleistung eines Netzes würde also ein dauerndes Begehen der Rübenfelder während der Flugzeiten erfordern; wegen des damit verbundenen Aufwandes an Zeit und Arbeitslohn (abgesehen von den Kosten des oft zu erneuernden Leimes) kann das Verfahren für große Flächen nicht als wirtschaftlich angesehen werden. Durch die herumschweifende Lebensweise der Fliegen zur ersten Flugzeit (siehe S. 53) ist schließlich, wenigstens im Frühling, auch die reine Bekämpfungswirkung des Verfahrens in Frage gestellt.

Dieselben Bedenken sowohl in bezug auf die Wirksamkeit wie auch auf die Anwendungsmöglichkeit gegen die erste Fliegengeneration müssen gegen den Vorschlag (*21*) geltend gemacht werden, die Fliegen an mit Leim bestrichenen, aufgestellten Papierstreifen zu fangen.

An dieser Stelle mag auch das Zerdrücken der Eier und Larven in den Blättern erwähnt werden. Besonders wenn die Eiablagezeit kurz ist, wird sich auf diese Weise eine nahezu völlige Bereinigung der behandelten Felder erzielen lassen. Die Arbeit kann von Kindern unter Aufsicht durchgeführt werden, aber für den Großbetrieb werden sie in der Regel kaum in genügender Zahl zur Verfügung stehen. Selbst wenn diese Schwierigkeit überwunden ist, wird man mit ganz erheblichen Ausgaben zu rechnen haben. In einem Fall, wo von Kindern eine Fläche von 2 ha behandelt wurde, betrugen die Kosten 28 RM je Hektar. Das Ergebnis wurde von uns überprüft und muß als gut bezeichnet werden.

Zu den Bekämpfungsmaßnahmen mit mechanischen Mitteln kann auch die Fangpflanzenmethode gerechnet werden, die unter anderem von CHITTENDEN (*43*) empfohlen wurde. Dieser Autor sieht als günstigste Fangpflanze Spinat an, der nach seiner Meinung der Rübe vorgezogen wird. Tatsächlich nennen die Berichte aus den Nordstaaten der U.S.A. *Peg. hyoscyami* meist als Schädling des Spinates. Für deutsche Verhältnisse ist ein derartiges Verfahren aber nicht empfehlenswert. Nur gelegentlich wird der Spinat bei uns stark befallen, in der Regel aber die Rübe vorgezogen. Wird schon hierdurch der Erfolg bei gleichzeitiger Aussaat beider Pflanzen sehr in Frage gestellt, drängen die entstehenden betriebstechnischen Schwierigkeiten, nicht zuletzt aber der notwendige hohe Kostenaufwand unbedingt zu einer Ablehnung.

2. Mit chemischen Mitteln.

a) Bekämpfung der Eier und Puppen. Die Eier der Rübenfliege sind durch ihre Lage an der Unterseite der Blätter einer direkten Bekämpfung sehr schwer zugänglich, außerdem für wässerige Flüssigkeiten weitgehend undurchlässig. Diese doppelte Schwierigkeit, die die Aussicht der Vernichtung der Eier auf chemischem Wege gleich Null erscheinen läßt, hat es wohl mitbedingt, daß Maßnahmen in dieser Richtung bisher nie empfohlen worden sind. Tastversuche unsererseits (*20*), die sich vor allem auf die physiologischen Grundlagen einer derartigen Behandlung bezogen, haben uns ebenfalls bald veranlaßt, unser Hauptinteresse den leichter zugänglichen Stadien dieses Schadinsektes zuzuwenden.

In ähnlicher Weise wie die Eier entziehen sich auch die Puppen der Rübenfliege einer chemischen Bekämpfung. Um bei der verstreuten Lage der Puparien im Boden deren Mehrzahl zu treffen, wäre es notwendig, sehr große und damit voraussichtlich unwirtschaftliche Mengen von Chemikalien zu verwenden. Abgesehen hiervon ist wieder das Objekt selbst in besonderer Weise gegen schädliche Einflüsse von außen geschützt. Die Puppenhüllen sind, wie die Eihäute, für

[1] In einem Versuchsfalle etwa 10%.

Flüssigkeiten nur in außerordentlich geringem Maße durchlässig (siehe S. 37). In dieser Richtung zielende Bekämpfungsmaßnahmen sind also mit großer Wahrscheinlichkeit von vornherein zur praktischen Erfolglosigkeit verurteilt. Das gleiche gilt für den Versuch, die Mineraldüngung des Rübenfeldes so einzurichten, daß dabei gleichzeitig die Fliegenpuppen vernichtet werden (siehe S. 89).

b) Bekämpfung der Larven. Der chemische Angriff gegen die Larven ist durch deren Aufenthalt im Innern des Blattes außerordentlich erschwert. Nur in drei Lebensabschnitten befindet sich die Larve nicht in der Fraßmine: 1. beim Schlüpfen aus dem Ei, 2. gelegentlich bei etwaigem Minenwechsel, 3. bei der Wanderung zur Verpuppung.

Es wäre an sich naheliegend, eine Bekämpfung bei einer dieser Gelegenheiten zu versuchen, doch ist der Minenwechsel kein Faktor, mit dem man sicher und zu bestimmter Zeit rechnen kann, und die Verpuppungswanderung ist ebenfalls schwer zeitgerecht zu erfassen; auf derselben nimmt die Larve außerdem keine Nahrung mehr zu sich, was die Möglichkeit einer Vergiftung weiterhin erschwert. Der Weg, die sich erstmals ins Blatt einbohrenden Larven durch Ausstreuen oder -spritzen eines Fraßgiftes zur Eiablagezeit zu vernichten, wie es z. B. ähnlich mit den Maden des Apfelwicklers (*Carpocapsa pomonella* L.) geschehen kann, ist dadurch versperrt, daß die Larven vom Ei aus unmittelbar in das Blattinnere gehen, ohne die außerhalb des Eiumfanges liegende Blattfläche zu berühren.

Es bleibt also nur die Bekämpfung der Larve während ihres Aufenthaltes in der Fraßmine übrig. Soll eine chemische Substanz hierfür brauchbar sein, muß sie die Blattoberhaut (durch Spaltöffnungen oder Verletzungen) durchdringen und die darunter befindlichen Larven töten können, ohne das Blatt selbst wesentlich zu beschädigen.

Ein Mittel, das diesen Anforderungen in gewissen Grenzen genügt, ist Barium-chlorid. WASSILJEW (*179*) erhielt mit 7%iger Lösung gute Resultate, mit 6% Giftgehalt konnte er 54% der Maden abtöten, mit 5% Gehalt an Bariumchlorid nur noch 25%.

Eigene Versuche mit diesem Mittel sind nicht so günstig ausgefallen. Verspritzt wurden bis 8%ige Lösungen während der ersten Larvenperiode. Das Gift konnte in jedem Falle bei regenfreier Witterung mehrere Tage einwirken. Die Behandlung wurde mit einer Hederich- oder einer Hochdruckrückenspritze durchgeführt und dabei jede einzelne Pflanze mit Hilfe eines Eichelverstäubers dicht besprüht.

Die Überprüfung nach mehreren Tagen ergab (in Zusammenfassung mehrerer Versuche aus dem Jahre 1928):

Unbehandelt	a)	von	105	Larven	1	tot	=	0,9%
	b)	,,	140	,,	1	,,	=	0,7%
3%iges $BaCl_2$		,,	94	,,	3	,,	=	3,0%
4%iges ,,		,,	119	,,	6	,,	=	5,0%
5%iges ,,		,,	176	,,	98	,,	=	55,7%
6%iges ,,		,,	108	,,	52	,,	=	48,1%
7%iges ,,		,,	152	,,	90	,,	=	59,2%
8%iges ,,		,,	66	,,	43	,,	=	65,2%

Bei Behandlung mit 6%iger Lösung zeigten die Blätter noch erträgliche Verbrennungen; bei Benutzung von 7- und besonders 8%igem Bariumchlorid wurden sie schon recht bedenklich und waren mit Verlust an Blattmasse verbunden. Besonders zu betonen ist, daß der oben angeführte Prozentsatz vernichteter Larven sich auf den am Tage der Behandlung in den Blättern vorhandenen Bestand an Maden bezieht. Da die Eiablage und somit auch die Larvenfraßzeit aber häufig viele Wochen andauert, schlüpfen nach Unwirksamwerden des Giftes täglich noch neue Larven. Selbst wenn man den günstigsten Termin für die Behandlung auswählt, sind doch in solchem Falle am Tage der Bespritzung höchstens etwa 50% des Gesamtschädlingsbestandes als Larven in den Blättern. Dadurch sinkt der Prozentsatz abgetöteter Larven, wenn man ihn auf den Gesamtbestand an Schädlingen bezieht, mindestens auf die Hälfte, d. h. auf nur etwa 25%. Um $^3/_4$ der Schädlingsmasse zu vernichten — diese Tötungswirkung muß man von einem brauchbaren Mittel verlangen — müßte demnach die Behandlung 3—4mal in genügenden Zeitabständen durchgeführt werden. Bei 6%iger Lösung verbraucht die einmalige Behandlung etwa 25 kg $BaCl_2$ oder 14 RM je Hektar. Die Materialkosten einer wirksamen Bekämpfung würden also über 10 RM je $^1/_4$ ha betragen. Zieht man weiterhin die Ausgaben für Löhne und Gespann in Betracht und den Schaden, der bei dreimaligem Befahren des Feldes mit der Hederichspritze kaum zu vermeiden ist, so wird man zu der Überzeugung kommen, daß eine Bekämpfung auf dieser Grundlage kaum wirtschaftlich gestaltet werden kann.

Ein zweiter Stoff, der für die Bekämpfung der Larven in den Minen in Frage kommt, ist Nikotin, wohl als schärfstes Atemgift für Insekten bekannt. Es wurde erstmals von S. Rostrup 1913 in Dänemark, später von Kemner (*96*) in Form von Nikotinsulfatlösungen angewandt und ergab in Kleinversuchen, besonders in Verbindung mit zeitigem Verziehen der Rüben, sehr gute Resultate. Das Ergebnis der Maßnahmen wurde festgestellt, indem 14 Tage nach der Behandlung in Stichproben die ganz oder teilweise vernichteten Blätter für die behandelten Parzellen und für die Kontrolle ausgezählt wurden.

Unsere eigenen Versuche mit Nikotin haben sich über verschiedene Jahre und die drei hauptsächlichen Bruten der Rübenfliege erstreckt. Im Laboratoriums- und Feldversuch wurden Reinnikotin, Nikotinsulfat und Tabakextrakt von vier verschiedenen Herstellern, ferner im Handel befindliche Nikotin enthaltende Mittel der chemischen Industrie geprüft (*19*, *90*). Auch das Alter der Präparate wurde berücksichtigt und das Ergebnis jedes Versuches in der Weise festgestellt, daß je Versuchs- und Kontrollparzelle etwa 100 Larven auf ihren Gesundheitszustand untersucht wurden. Die in den verschiedensten Konzentrationen angewandten

Flüssigkeiten wurden mit Spritzen möglichst fein über die Oberseiten der Blätter verteilt. Die Ergebnisse einiger Versuche sind nachstehend zusammengestellt:

Tabelle 6. Bekämpfung der Larven mit Nikotinpräparaten.

Mittel	Firma	Versuch I (1. Gen. 1928)		Versuch II (3. Gen. 1927)		Versuch III (3. Gen. 1928)	
		Gehalt an Reinnikotin in %	Abtötung der Larven in %	Gehalt an Reinnikotin in %	Abtötung der Larven in %	Gehalt an Reinnikotin in %	Abtötung der Larven in %
Reinnikotin	1	etwa 0,2	38,1	etwa 0,2	82,0	etwa 0,3	97,5
„	2	„ 0,2	32,3	„ 0,2	68,4	„ 0,3	94,3
„	3	„ 0,2	52,1	„ 0,2	67,7	„ 0,3	91,8
„	4	„ 0,2	50,8	„ 0,2	61,7	„ 0,3	82,8
Nikotinsulfat	5	0,2	11,5	0,08	76,1	0,12	96,2
„	4	0,2	15,3	0,08	31,1	0,12	89,3
„	1	0,2	56,2	—	—	—	—
„	3	0,2	43,3	—	—	—	—
Tabakextrakt	2	etwa 0,2	32,1	—	—	—	—
„	6	„ 0,2	29,4	—	—	etwa 0,03	66,6
„	3	„ 0,2	23,6	—	—	—	—
„	7	„ 0,2	7,7	etwa 0,2	24,0	etwa 0,03	53,9
Kontrolle	—	Kontrolle	0,0	Kontrolle	17,4	Kontrolle	16,1

Aus den angeführten Versuchen ergibt sich, daß die Wirksamkeit dieser Brühen nicht immer dem Gehalt an Reinnikotin gleichläuft. Auch die Bewertung der Mittel nach ihren Herkünften stößt auf Schwierigkeiten und läßt kaum eine einheitliche Linie erkennen. Auffallend ist der zum Teil viel geringere Tötungsprozentsatz bei den Larven der ersten Generation. Ob hier Unterschiede der Durchdringungskraft bzw. der Wirkungsdauer des Nikotins vorliegen, etwa bedingt durch Verschiedenheit der Blattstruktur oder der Witterung, oder verschiedene Widerstandskraft der Larven, läßt sich noch nicht entscheiden. Möglich ist auch, daß die hohe Sterblichkeit der späteren Bruten nicht nur dem Nikotin zuzuschreiben ist, sondern auch anderen Ursachen (vgl. die höheren Sterblichkeitsprozente der Kontrollen), z. B. der mit dem Ablauf des Sommers zunehmenden Tätigkeit der Raubinsekten (*32*).

Die reine Tötungswirkung hat demnach in der ersten Generation nur ungleichmäßig, in der zweiten nur annähernd, und lediglich in der dritten praktisch genügend ausgereicht. Weiterhin muß berücksichtigt werden, daß die angeführten Zahlen sich nur auf den am Tage der Behandlung in den Blättern befindlichen Larvenbestand beziehen. Betrachtet man die Wirkung auf die gesamte Brut, so müßte sie stark, unter Umständen um die Hälfte vermindert werden (siehe S. 98). Nur eine mehrmalige Bespritzung würde also vollen Erfolg sichern. Nun kostet aber die einmalige Behandlung mit einer Flüssigkeit von etwa 0,2% Gehalt an Reinnikotin nach den zur Zeit gültigen Großhandelspreisen für die drei Nikotinpräparate schon etwa 3,50—5 RM je $^1/_4$ ha. Infolgedessen würde die Nikotinbehandlung kaum wirtschaftlicher sein als eine solche mit Bariumchlorid.

Um aus Nikotinsulfat mehr Nikotin frei zu machen und dadurch die Wirksamkeit des Mittels zu verbessern, bzw. die Bekämpfung zu verbilligen, hat Worthley (*186*) einen Zusatz von „Sal soda“ oder „Potash fish-oil soap“ empfohlen. In einer unserer Versuchsreihen, in der wir mit den in Tabelle 6 angeführten Mitteln, und zwar mit 0,15- (Reinnikotin) bzw. 0,1%igen Brühen gegen die Larven erster Generation arbeiteten, haben wir der Flüssigkeit jeweils 0,5% Soda hinzugefügt. Dieser Zusatz hat die Wirksamkeit des Nikotins praktisch aufgehoben: Bei acht Mitteln betrug die Abtötung unter 5%, nur bei einem über 10%, während der Prozentsatz toter Larven in der Kontrolle 0,9% betrug.

In ähnlicher Richtung wie der Vorschlag Worthleys bewegt sich die Anregung von Brinley und Baker (*35*), zu flüssiger Blausäure etwas Methylazetat hinzuzufügen, um dadurch die Atemstigmen der Insekten offen zu halten. Am 13. VI., also während der ersten Larvenfraßzeit, wurde von uns eine Lösung von Nikotinsulfat mit 0,24% Gehalt an Reinnikotin mit einem Zusatz von 0,6% Methylazetat ausgespritzt und mit einer Lösung ohne diesen Zusatz und mit unbehandelten Rüben verglichen. Das Ergebnis war wie folgt:

Nikotinsulfat	ohne Zusatz von Methylazetat	85%	tote	Larven
„	mit „ „ „	76%	„	„
Unbehandelt		6,8%	„	„

Auch Zusatz von Spiritus und Seife zur Nikotinbrühe brachte keine wesentlich anderen Ergebnisse.

Schließlich ist Petrolseifenemulsion und Quassiabrühe (*38, 65, 176*) sowie das Ausstreuen von Ruß, leicht löslichem Stickstoff, Kainit oder Staubkalk empfohlen worden (*62, 65*). Nach den schon oben mitgeteilten Versuchen kann man auch von diesen Brühen bzw. Streumitteln kaum eine radikale Wirkung erhoffen (*3*).

c) Bekämpfung der Imago. Als chemisches Bekämpfungsmittel für das fliegende Insekt kann nur ein Fraßgift[1] in Frage kommen, das der Ernährungsweise der Tiere entsprechend, in Mischung mit flüssigen Kohlehydraten, am einfachsten Zuckerwasser, gereicht werden muß und auf die Fliegen nicht abschreckend wirken darf. Arsenate und Fluoride erfüllen diesen Zweck. Der Verwirklichung eines auf entsprechenden Vorversuchen (*19*) aufgebauten Planes zu einem Bekämpfungsverfahren kam die Tatsache entgegen, daß die Weibchen mehrere Tage zur Eireifung brauchen, während dieser Zeit reichlich Nahrung aufnehmen (siehe S. 40) und in großen Mengen auf begrenztem Raume, den Rübenfeldern, vereinigt sind. Freilich gilt das letztere nur für die zweite und dritte Generation, während das unstete Verhalten der Fliegen zur Zeit des ersten Fluges eine wirksame Bekämpfung nach dem nunmehr zu beschreibenden Köderverfahren (*11*) im Frühjahr unmöglich macht.

Die Erfolge mit gesüßten Natriumarseniatlösungen waren schon bei den ersten Versuchen so ermutigend (*24*), daß der einmal beschrittene Weg im Prinzip eingehalten werden konnte. Der einzige Nachteil, der

[1] Die Verwendung von Atemgiften (*84*) scheitert an der Unmöglichkeit, dieselben in genügenden Mengen und zu tragbarem Preise an die Fliegen heranzubringen.

sich im Laufe der unter den verschiedensten Witterungsverhältnissen angestellten Versuche herausstellte, war die Gefahr von Blattverbrennungen bei Anwendung zu hoher Konzentrationen. So war es ein glücklicher Gedanke von BLUNCK (*17*, *33*, *95*), Fluornatrium als Ersatz für die Arsenpräparate vorzuschlagen. Tatsächlich verursacht Fluornatrium bei gleicher Konzentration bedeutend geringere Schädigungen an den Pflanzen als Natriumarseniat, ja, in der zur Tötung der Rübenfliege notwendigen Verdünnung kann von einer Beschädigung der Rüben überhaupt nicht die Rede sein. Da die in Frage kommenden Fluorpräparate überdies auch für Warmblüter weniger gefährlich und billiger sind, wurde das Verfahren von uns schließlich ganz auf Fluornatrium umgestellt. Nach den mehrjährigen Erfahrungen, die wir bei Bekämpfung der zweiten und dritten Fliegengeneration auf über 2500 ha Fläche gewonnen haben, ist die Behandlung wie folgt durchzuführen:

Je nach der Größe des zu behandelnden Feldes wird in einem Bottich oder Wasserwagen eine wässerige Lösung angesetzt, die 0,3% Fluornatrium (auf 100 l Wasser 0,3 kg Fluornatrium) und 2% Roh- oder Schmutzzucker enthält (Konsumzucker verteuert und Melasse hat sich als unbrauchbarer Ersatz erwiesen). Um die Auflösung des Fluornatriums und des Zuckers zu beschleunigen, empfiehlt es sich, zu der trockenen Gift-Zuckermischung unter Umrühren zunächst nach Bedarf heißes Wasser zuzugießen. Die so entstandene stärkere Stammlösung kann dann mit der jeweils notwendigen Menge kalten Wassers vermischt und so auf den oben angegebenen Gehalt gebracht werden. Die Köderlösung wird mit der Hederichspritze, mit einer Rückenspritze oder notfalls mittels Gießkannen auf die Rübenfläche verteilt. Nicht der ganze Schlag braucht bespritzt zu werden. Bei günstigem Wetter, d. h. wenn die Aussicht besteht, daß es innerhalb einiger Tage nicht regnen wird, genügt es, mit der Hederichspritze, an der noch mindestens die Hälfte der schräg nach oben gestellten Düsen abgedrosselt werden kann, nur jede 3.—4. Maschinenbreite zu behandeln. Die Arbeit mit Gießkannen ist umständlicher und anstrengend, denn in schnellster Gangart muß der Inhalt der Gefäße mit der Hand weit ausholend verspritzt werden. Auf gleichmäßige Verteilung kommt es dabei nicht an, aber es besteht die Gefahr, daß bei Handhabung der schweren Kannen zu viel Flüssigkeit auf eine Stelle kommt und dadurch vergeudet wird. Bei dieser Methode empfiehlt es sich daher auch, einen größeren Flächenabschnitt, d. h. etwa jede 2.—3. Maschinenbreite zu bespritzen. Die Materialkosten belaufen sich bei Verwendung von Roh-, Schmutz- oder anderweitig verbilligtem Zucker unter Benutzung der Hederichspritze und bei Befahren jeder 3.—4. Maschinenbreite auf etwa 0,25 RM je $^1/_4$ ha, wurden aber unter günstigen Verhältnissen bei Großbekämpfungen auch schon wesentlich weiter heruntergedrückt. Bei sparsamem Verbrauch und Behandlung jeder 3. Maschinenbreite ist bei

Benutzung einer Hederichspritze mit zum Teil abgedrosselten Düsen etwa 25—30 l und bei Verwendung von Gießkannen etwa die doppelte Menge Flüssigkeit je $^1/_4$ ha der Gesamtfläche erforderlich. Rückenspritzen arbeiten am sparsamsten.

Die auf der Nahrungssuche befindlichen Rübenfliegen nehmen die Köderlösung ohne weiteres an und gehen, haben sie einmal davon gesogen, spätestens in 1—2 Tagen zugrunde. War die aufgenommene Giftmenge zu gering, um unmittelbar tödlich zu wirken, scheint sie nach Laboratoriumsversuchen (*19*) doch eine Lebensverkürzung und vor allem eine Minderung oder Aufhebung der Fortpflanzungskraft hervorzurufen.

Um die Wirkung der beschriebenen Bekämpfungsmethode zu charakterisieren, wird nachstehend die Durchführung eines Versuchs mit ihren Einzelheiten mitgeteilt:

Tabelle 7. Beispiel für die Bekämpfung der Rübenfliege mit Fluornatrium. Behandlung: Mit einer 4 m-Hederichspritze am 11. VII. 1929 vorm. jede dritte Maschinenbreite bespritzt. Die Flüssigkeit enthielt 0,3% Fluornatrium und 2% Zucker. Ausgeführt in Alt-Heinrichau, Bez. Breslau. Versuchsschlag 17 Morgen, unbehandelter Kontrollschlag 21 Morgen.

Datum	Zahl gefangener Rübenfliegen je 150 Netzschl.		Anzahl untersuchter Pflanzen	Durchschnittliche Eizahl je Pflanze	
	Versuch	Kontrolle		Versuch	Kontrolle
10. VII.	4	4	75	4,2	7,0
12. VII.	3	6	75	6,8	9,1
16. VII.	1	17	75	6,3	16,6
18. VII.	—	20	30	—	38,3
20. VII.	6	—	30	3,1	—
25. VII.	2	13	30	2,4	48,5
30. VII.	—	10	30	—	50,4

Da die Rübenfliegen abgetötet werden müssen, ehe sie die Hauptmenge ihrer Eier an die Rüben abgesetzt haben, ist der Zeitpunkt der Behandlung von ausschlaggebender Bedeutung für den Erfolg der Maßnahme. Die Erfahrungen der letzten Jahre haben gezeigt, daß auch die zweite Flug- und Eiablagezeit häufig viele Wochen andauern kann. Setzt man das Feld schon bei Beginn der Flugzeit unter Gift, so kann leicht, besonders bei regnerischem Wetter, der Köder seine Wirksamkeit verloren haben, ehe die Mehrzahl der Fliegen erschienen ist. Andererseits darf damit naturgemäß auch nicht zu lange gewartet werden, wenn ein Erfolg eintreten soll. Sofern die Wetterlage es gestattet, dürfte nach unseren Erfahrungen der günstigste Termin für die Ausspritzung des Köders dann sein, wenn sich an der Mehrzahl der Pflanzen neue Eigelege befinden und die durchschnittliche Eizahl je Pflanze etwa 5 beträgt (d. h. 5 Einzeleier, nicht Gelege). Diese haben praktisch noch keine Bedeutung.

Da, wie oben (S. 100) angegeben, eine derartige Bekämpfungsweise sich nur gegen die zweite und dritte Generation richten kann, ist es notwendig, daß auch der Nichtfachmann, meist also der Landwirt, die Eiablage der ersten Brut von der folgenden unterscheiden kann. Meist wird das nicht schwer sein, da zwischen der deutlich sichtbaren ersten Larvenfraßzeit und der folgenden zweiten Flugzeit eine Periode des Wiederergrünens der Rübenfelder liegt. Immerhin ist es bei abnorm langer Dauer der Flugzeiten möglich, daß die Eiablage von Nachzüglern der ersten Brut mit der beginnenden Belegung durch die zweite Generation verwechselt wird. Für solche Fälle mag als praktische Regel vermerkt werden, daß man mit der Eiablage der zweiten Generation in Deutschland frühestens 6 Wochen nach dem ersten Beobachtungstermin (d. h. ersten Ablagetermin) der Eier überhaupt, also im allgemeinen nicht vor Ende Juni zu rechnen hat[1].

Eine Abänderung des Köderverfahrens ist neuerdings insofern versucht worden, als man das Spritzen gesüßter Giftlösungen durch Ausbringen entsprechend getränkter Häcksel- oder Kaffmengen auf das Feld ersetzte (*145*, *146*). Man wollte dadurch einmal die Anwendungsweise vereinfachen (Ersparnis des Wassertransportes und der Spritzmaschinen), dann aber durch Vergrößerung der Köderfläche[2] im Frühjahr auch eine Bekämpfungsmöglichkeit für die erste Generation schaffen. Es hat sich aber gezeigt (*19*, *90*), daß diese Methode im Sommer dem Spritzverfahren in der Wirkung nicht gleichkommt und im Frühjahr ebenso erfolglos bleibt wie dieses, da dann infolge des Verhaltens der Fliegen mit einem Köderverfahren eben überhaupt nichts auszurichten ist (vgl. S. 53).

In der letzten Zeit hat man der Durchführung des Spritzverfahrens zur Bekämpfung der Rübenfliege mit der Begründung widerraten, daß dadurch Vergiftungen von Bienenvölkern vorkommen könnten (*6*, *23*, *105*). Diese Behauptung gründet sich jedoch lediglich auf Laboratoriumsversuche, unter Verhältnissen durchgeführt, die in der Praxis keine Rolle spielen. Daß Bienen Fluorvergiftungen erleiden können, ist unzweifelhaft. Nach den Untersuchungen von v. FRISCH über das Mitteilungsvermögen der Bienen (*57*) will es aber wenig glaubhaft erscheinen, daß die spärliche Zuckertracht von 25—30 l 2% iger Zuckerlösung, auf $^1/_4$ ha verteilt, imstande sein soll, größere Bienenmengen auf den Plan zu rufen. Tatsächlich ist nicht ein einziger beglaubigter Fall bekannt, in dem die nunmehr schon auf recht beträchtlichen Flächen vorgenommenen Spritzungen zu einem Bienensterben geführt haben. Um die Wirkung der im Großen durchgeführten Bespritzung auf die Bienen festzustellen, wurden sogar zwei Beuten mitten auf den Rübenschlag gestellt (*94*). Obgleich dieses Feld zehnmal in einem Zeitraum von 2 Monaten mit Hilfe von Hederich- oder Rückenspritzen mit Fluornatrium-Zuckerlösung behandelt wurde, ließ sich keine Beeinträchtigung der Bienen feststellen[3].

[1] Für die in der Generationsdauer der Fliege liegende Begründung dieser Regel vgl. S. 48.

[2] An den jungen Rübenpflanzen haftet nur ein geringer Bruchteil einer über das Feld gespritzten Flüssigkeit.

[3] Dieser Versuch wurde 1930 mit demselben Ergebnis wiederholt.

Soweit die eigentliche, auf Vernichtung abzielende Bekämpfung. Man hat daneben versucht, durch bestimmte Maßnahmen, die Fliegen nur vom Felde zu vertreiben. Natürlich bewirkt eine dadurch erreichte Entlastung eines Schlages eine stärkere Beschädigung der Nachbarfelder und ist dadurch vom Standpunkt des allgemeinen Nutzens verwerflich. Außerdem hat keiner der diesbezüglichen Vorschläge bisher seine praktische Brauchbarkeit nachzuweisen vermocht. Insbesondere ist der Vorschlag von RAMBOUSEK (*128*), die Rübenfelder zur Abwehr unter schweren, stickigen Rauch zu halten, praktisch völlig undurchführbar[1].

---

[1] Derartige Verfahren haben sich nicht einmal in den der Beschaffenheit nach geeigneteren Wäldern einführen lassen. Auf dem Rübenfelde würden mindestens 2 Wochen lang Feuer unterhalten und je nach der Windrichtung gewechselt werden müssen.

Schriftenverzeichnis[1].

1. Arb. Dtsch. Landw.-Ges. **1893—1904** (Jber. Sonderausschusses d. D.L.G. f. Pflanzenschutz). — **2. Arrhenius, O.:** Markreaktion och Skördeutbyte. Meddel. 278 fr. Zentralanst. f. försöksv. på jordbruksomr. Avd. f. lantbruksbot. Nr. 36 (1925).

3. Baudys, E.: Flugbl. 39. Phytop. Sect. landw. Labor. Erforschgs-Inst. Brünn 1925. — **4. Baunacke, W.:** Das Auftreten der Rübenfliege im Jahre 1920. Dtsch. landw. Presse **48**, 60 (1921). — **5.** Zur Runkelfliegenplage. Die krk. Pflanze **2**, 205—206 (1925). — **6.** Zur Rübenfliegenbekämpfung. Ebenda **6**, 73 bis 74 (1929). — **7. Bengtsson, S.:** Braconologische Notizen. II. Zur Kenntnis der Schmarotzer der Rübenfliege (*Pegomyia hyoscyami* Pz.). Entomol. Tidskr. **47**, 51—64 (1926). — **8.** Berichte der dänischen Anstalt Statens plantepatologiske Forsøg. Tidskr. Planteavl **1897—1925**. — **9.** Berichte über Landwirtschaft aus dem Reichsamt des Innern **1905—1912**. — **10.** Berichte verschiedener deutscher Hauptstellen für Pflanzenschutz. — **11. Berlese, A.:** Esperienze del 1910 contro la „Mosca delle Olive“ ... Redia **7**, 111—155 (1911). — **12. Berwig:** Die Forleule in Bayern. Historisch-statistische Betrachtung. Forstw. Zbl. **48**, 165 ff. (1926). — **13. Bezzi, M. u. Stein, P.:** Katalog der Paläarktischen Dipteren **3**, 828 S. Budapest 1907. — **14. Blunck, H.:** Erdflohkäfer an den Ölsaaten im Jahre 1920. Arb. biol. Reichsanst. Land- u. Forstw. **10**, 433—444 (1921). — **15.** Die Entwicklung des *Dytiscus marginalis* L. vom Ei bis zur Imago. 2. Teil: Die Metamorphose (B. Das Larven- und das Puppenleben). Z. Zool. **121**, 171—391 (1923). — **16.** Der Stand der Rübenfliegenfrage (*Pegomyia hyoscyami* Pz.). Mitt. D.L.G. **1925**, 480 bis 484. — **17.** Der Stand der Rübenfliegenfrage im Jahre 1926. Die dtsch. Zuckerind. **52**, 17—20 (1927). — **18. Blunck, H. u. Janisch, R.:** Bericht über Versuche zur Bekämpfung der Rübenaaskäfer im Jahre 1923. Arb. biol. Reichsanst. Land- u. Forstw. **13**, 433—496 (1925). — **19. Blunck, H., Bremer, H. u. Kaufmann, O.:** Die Bekämpfung der Rübenfliege. Ebenda (in Vorbereitung). — **20.** Die Lebensgeschichte der Rübenfliege. Ebenda (in Vorbereitung). — **21. Boeker:** Die Bekämpfung der Runkelfliege. Dtsch. landw. Presse **35**, 338 (1908). — **22. Börner, C., Blunck, H., Speyer, W. u. Dampf, A.:** Beiträge zur Kenntnis vom Massenwechsel (Gradation) schädlicher Insekten. Arb. biol. Reichsanst. Land- u. Forstw. **10**, 405—466 (1921). — **23. Borchert, A.:** Über die Giftigkeit einiger Pflanzenschutzmittel (Arsenpräparate und Fluornatrium) für die Bienen. Arch. Bienenkde **10**, 1—34 (1929). — **24. Bremer, H.:** Bericht über Versuche zur Bekämpfung der Rübenfliege. Dtsch. Zuckerind. **1925**, Nr 42. — **25.** Ist tiefes Umpflügen der Äcker zur Vernichtung von Feldschädlingen anzuraten? Nachr.bl. Dtsch. Pflanz.-schutzdienst **5**, 91—92 (1925). — **26.** Über die tageszeitliche Konstanz im Schlüpftermin der Imagines einiger Insekten und ihre experimentelle Beeinflußbarkeit. Z. Insektenbiol. **21**, 209—216 (1926). — **27.** Grundsätzliches über den Massenwechsel von Insekten. Z. angew. Entomol. **14**, 254—272 (1928). — **28.** Geschichte des Rübenfliegenbefalls im nördlichen Vorpommern und auf Rü-

---

[1] Nomenklatorische Arbeiten sind auf S. 1 verzeichnet. Wo nur Referate zugänglich waren, sind diese mit angegeben.

gen im Jahre 1924. Arb. biol. Reichsanst. Land- u. Forstw. **16**, 432—447 (1928). — **29.** Geschichte des Rübenfliegenbefalls im nördlichen Vorpommern und auf Rügen im Jahre 1925. Ebenda **16**, 448—468 (1928). — **30.** Geschichte des Rübenfliegenbefalls im nördlichen Vorpommern und auf Rügen im Jahre 1926. Ebenda **16**, 507—519 (1928). — **31.** Die Voraussage von Rübenfliegenschäden. Dtsch. Zuckerind. **53**, 1205 (1928). — **32.** Beitrag zur Epidemiologie der Rübenfliegenkalamität. Arb. biol. Reichsanst. Land- u. Forstw. **17**, 103—193 (1929). — **33. Bremer, H.** u. **Kaufmann, O.:** Die Bekämpfung der Rübenfliege (*Peg. hyoscyami* Pz.) mit Fluornatrium und Kieselfluornatrium. Anz. Schädlingskde **3**, 13—15 (1927). — **34.** Die natürlichen Feinde der Rübenfliege. Arb. biol. Reichsanst. Land- u. Forstw. **16**, 520—555 (1928). — **35. Brinley, F. J.** u. **Baker, R. H.:** Some factors affecting the toxicity of hydrocyanic acid for insects. Biol. Bull. Mar. biol. Labor. Wood's Hole **53**, 201—207 (1927). Referat in Ber. Biol. **6**, 396—397 (1928). — **36. Brischke, C. G. A.:** Die Blattminirer in Danzigs Umgebung. Schr. naturforsch. Ges. Danzig **5**, 233—290 (1881). — **37. Britton, W. E.:** 24th Report of the State Entomologist of Connecticut 1924. Connecticut Agricult. Exper. Stat. Bull. **265**, 230—244 (1925).

38. Cameron, A. E.: A contribution to a knowledge of the *Belladonna* Leafminer, *Pegomyia hyoscyami* Panz., its life-history and biology. Ann. Appl. Biol. **1**, 43—76 (1914). — **39. Carpenter, G. H.:** Injurious Insects observed in Ireland during the years 1901—1908. Econ. Proc. Roy. Dublin Soc. **1**, 132 ff. (1899 bis 1909). — **40.** Injurious insects and other animals observed in Ireland during the year 1904. Ebenda **1**, 289—291 (1905). — **41. Chevrel, R.:** Note pour servir à l'histoire de *Pegomyia hyoscyami* Panz., parasite de la betterave. Bull. Soc. Linn. Normandie, sér. IV, **6**, 269—286 (1892). — **42.** Nouvelle note pour servir à l'histoire de *Pegomyia hyoscyami* Macqt., parasite de la Betterave. Ebenda, sér. IV, **8**, 331—340 (1894). — **43. Chittenden, F. H.:** The beet or spinach leaf-miner (*Pegomyia vicina* Lintn.). U. S. Entomol. Div. Bull. **43**, 50—52 (1903). — **44.** The southern beet webworm. Ebenda, Bull. **109**, 1—22 (1911). — **45. Clayton, H. H.:** World Weather Records, 1199 S. Washington 1927. — **46. Collinge, W. E.:** A manual of injurious insects, S. 1—268. 1912. — **47. Cory, E. N.:** Notes on *Pegomyia hyoscyami* Panz. J. Econ. Entomol. **9**, 372—375 (1916).

48. Dahle, A.: Die energische Bekämpfung der Rübenfliege. Bl. Zuckerrübenbau **27**, 85—87 (1920). — **49. Dalla Torre, C. G. von:** Catalogus Hymenopterorum 3—5. 1898—1902. — **50. Decaux, F.:** Sur les dégâts de *Pegomyia hyoscyami* et sur *Decatoma betensis*, son parasite. Ann. Soc. Entomol. France, Bull. **90**, 153—154 (1891). — **51. Dyckerhoff, F.:** Über die Beobachtungen an der Rübenblattwanze (*Piesma quadrata* Fieb.) und anderen Arten der Gattung *Piesma* im Jahre 1924. Nachr.bl. Dtsch. Pflanz.schutzdienst **5**, 3—4 (1925).

52. Escherich, K.: Über die Bildung der Keimblätter bei den Musciden. Nova Acta Acad. Leop. Carol. **77** (1900). — **53.** Die Forstinsekten Mitteleuropas **1**, 432 S. Berlin 1914. — **54.** Eine Reise ins norddeutsche Eulengebiet. Forstw. Zbl. **47**, 1—20, 53—67 (1925).

55. Fahringer, J.: Zur Frage der Ernährungsweise von *Phosphuga atrata* L. Z. Insektenbiol. **13**, 207—208 (1913). — **56. Farsky, F.:** Die ersten Stände zweier Runkelrüben-Fliegen. II. Die Runkelfliege *Anthomyia conformis* Nördl. (Fall.). Verh. zool.-bot. Ges. Wien **29**, 107—114 (1879). — **57. von Frisch, K.:** Über die Sprache der Bienen. Münch. med. Wschr. **1920/21**. — **58. Frost, S. W.:** A study of the leaf-mining diptera of North America. Cornell Univ. Agricult. Exper. Sta. Mem. **78**, 1—228 (1924). — **59. Fruhwirth, C.:** Die Pflanzenbaulehre. In: Krafft, G., Lehrbuch der Landwirtschaft, 12. Aufl. Berlin 1920. — **60. Fryer, J. C. F.:** Insect Pests of Crops. 1920/1921. Min. Agricult. Fish., Misc. Publ. No. **39** (1923).

61. Gahan, A. B.: Miscellaneous descriptions of new parasitic Hymenoptera with some synonymical notes. Proc. U. S. Nat. Mus. **71**, 1—39 (1927). — **62. Gièle, J.:** La mouche de la betterave. J. fabric. sucre **62**, 26 (1926). — **63. Goureau, M. le Col.:** Mémoire pour servir à l'histoire des diptères, dont les larves minent les feuilles des plantes, et à celles de leurs parasites. Soc. Entomol. France Ann., sér. 2, **9**, 131—176 (1851). — **64. Gruhl, K.:** Lufttänze und Paarung bei Insekten. Ostdtsch. Naturwart **2**, 352—358 (1925). — **65. Guénaux, G.:** Entomologie et parasitologie agricole. Paris 1922.

66. Habermehl, H.: Eine neue Ichneumonide als Feind der Rübenfliege (*Pegomyia hyoscyami* Panz.) und der Salatfliege (*Chortophila gnava* Meig. = *Anthomyia lactucae* Bouch.). Dtsch. entomol. Z. **1928**, Nr 4, 336—337. — **67. Hann, J.:** Handbuch der Klimatologie. Bd. III. Klimatographie, II. Teil: Klima der gemäßigten Zonen und der Polarzonen, 3. Aufl. Stuttgart 1911. — **68. Hase, A.:** Beiträge zur Lebensgeschichte der Schlupfwespe *Trichogramma evanescens* Westw. Arb. biol. Reichsanst. Land- u. Forstw. **14**, 171—224 (1925). — **69.** Über Temperaturversuche mit den Eiern der Mehlmotte (*Ephestia Kuehniella* Zell.). Ebenda **15**, 109—133 (1927). — **70. Hawley, J. M.:** The more important insects injurious to the sugar-beet in Utah. Utah Agricult. Exper. Stat. Circ. **54** (1925). — **71. Hendel, Fr.:** Blattminierende Fliegen (4. Beitrag zur Blattminenkunde Europas). Dtsch. entomol. Z. **1923**, 386—400. — **72. Hering, M.:** Minenstudien. Zur Kenntnis einiger bisher unbekannten Blattminen. Ebenda **1920**, 133—143. — **73.** Zur Kenntnis der Blattminenfauna des Banats. Z. Insektenbiol. **19** (1924). — **74.** Die Ökologie der blattminierenden Insektenlarven. Berlin 1926. — **75.** Beiträge zur Kenntnis der Ökologie und Systematik blattminierender Insekten (Minenstudien. X). Z. angew. Entomol. **17**, 431—471 (1930). — **76. Hesse, R.:** Tiergeographie auf ökologischer Grundlage. Jena 1924. — **77. Hollrung, M.:** Einige Bemerkungen über die Blattminierfliege (*Anthomyia conformis*) . . . Z. Vereins dtsch. Zuckerind. **55 II**, 407—413 (1905). — **78. Holmgren, A. E.:** Bladminerande Fluglarver på våra Kulturväxter. Entomol. Tidskr. **1**, 88—90 (1880). — **79. Howard, L. O.:** The Beet-Leaf *Pegomyia* (*P. vicina* Lintn.). Insect Life **7**, 379—381 (1895). — **80. Huckett, H. C.:** A systematic study of the Anthomyinae of New York, with special reference to the male and female genitalia. Cornell Univ. Agricult. Exper. Sta. Mem. **77**, 40 ff. (1924). — **81. Hukkinen, Y.:** Mitteilungen über die Schädlinge der Kulturpflanzen im nördlichen Finnland (finnisch mit deutscher Zusammenfassung). Finn. landw. Versuchsanst. Tieteeleisiä fulkainsuja **25**, 1—164 (1925).

82. Imms, A. D.: Notes on the beet or mangold fly. J. Board Agricult. (London) **22**, 881—884 (1915). — **83. Jablonowski, J.:** Die tierischen Feinde der Zuckerrübe. (Die Runkelfliege, 303—315), 99 S. Budapest 1909. — **84. Janisch, R.:** Vergleichende Untersuchungen über die Wirksamkeit von Atemgiften auf die Rübenfliege. Anz. Schädlingskde. **2**, 94—96 (1926). — **85. Jucci, C.:** Bivoltinismo e Partenogenesi nei bachi da seta (*Bombyx mori*). Atti Accad. naz. Linzei rendic., 2. sem., **33**, 345—348 (1924).

86. Kaltenbach, J. A.: Die Pflanzenfeinde aus der Klasse der Insekten. Stuttgart 1875. — **87. Kaufmann, O.:** Geschichte des Rübenfliegenbefalls in Schlesien im Jahre 1925. Arb. biol. Reichsanst. Land- u. Forstw. **16**, 469—486 (1928). — **88.** Geschichte des Rübenfliegenbefalls in Schlesien im Jahre 1926. Ebenda **16**, 487—506 (1928). — **89.** Geschichte des Rübenfliegenbefalls in Schlesien im Jahre 1927. Ebenda **16**, 556—573 (1928). — **90.** Stand der Rübenfliegenfrage im Jahre 1928. Zuckerrübenbau **11**, 103—110 (1929). — **91.** Geschichte des Rübenfliegenbefalls in Schlesien im Jahre 1928. Arb. biol. Reichsanst. Land- u. Forstw. **17**, 195—224 (1929). — **92.** Massenauftreten und Parasitierung der Rübenfliegenpuppen im Winter 1929—30. Zuckerrübenbau **1930**, 62—68. — **93.** Über das Massenauftreten der Rübenfliege (*Pegomyia hyoscyami* Pz.). Verh. Wanderversammlg. dtsch. Entomol. Kiel 1930, S. 140—153. — **94.** Ist die Bekämpfung der Rübenfliege (*Peg. hyoscyami* Pz.) eine Gefahr für die Bienen? Z. Landwirtschaftsk. Niederschlesien **34**, 84 (**1930**). — **95. Kaufmann, O.** u. **Bremer, H.:** Bericht über Versuche zur Bekämpfung der Rübenfliege im Jahre 1926. Zuckerrübenbau **9**, 48—52 (1927). — **96. Kemner, N. A.:** Betflugan (*Pegomyia hyoscyami* Pz.) och det stora betflugangreppet 1924 (schwedisch mit Zusammenfassung in deutscher Sprache). Meddel. Nr. **288** fr. Centralanst. f. försöksv. på jordbruksomr. Entomol. avd. No 47, 1—56 (1925). — **97.** Zur Kenntnis der Staphylinidenlarven. II. Die Lebensweise und die parasitische Entwicklung der echten Aleochariden. Entomol. Tidskr. **1926**, 132—170. — **98. Kleine, R.:** Starkes Auftreten der Rübenfliege. Pommernblatt **1919**, Nr 22, 311. — **99.** Die Rübenblattfliege. Bl. Zuckerrübenbau **28**, 136 ff. (1921). — **100.** Die Runkelfliege (*Pegomyia hyoscyami* Pz.) und die landwirtschaftliche Praxis. Ebenda **30**, 1—23 (1923). — **101.** Die Rübenfliege. Dtsch. Zuckerind. **51**, 17—18 (1926). — **102.** Der Stand des Rübenfliegenbefalles in Pommern 1930. Ebenda **1930**, Nr 43, 1153—1154. — **103. Knab, F.:** Four European Diptera established in North America . . . Insecutor Inscitiae Menstruus **4**, 1—4 (1916). — **104. Kowalewsky, A.:** Beiträge zur Kenntnis der nachembryonalen Entwicklung der Musciden. Z. Zool. **45**, 542—594 (1887). — **105. Kunze, G.:** Geschmacks- und Giftwirkungen des Fluornatriums auf die Honigbiene. Nachr.bl. Dtsch. Pflanzenschutzdienst **9**, 13—14 (1929).

106. Lampa, S.: Berättelse till Kongl. Landtbruksstyrelsen angående verksamheten ved Statens Entomologiska Anstalt 1905. Entomol. Tidskr. **1906**, 17—64. — **107.** Leaflet 5, J. Board Agricult. (London): Mangelwurzel fly (*P. betae* Curtis). **1902**. — **108. Lemcke, A.:** Schädigungen der Rübenpflanze durch Runkelfliegen. Georgine **13**, Nr. 45/46 (1920). — **109. von Lengerke, H.:** Die Runkelfliege. Ill. landw. Ztg. **37**, 339 (1917). — **110.** Was macht die Runkelfliege? Ebenda **40**, 342—343 (1920). — **111. Linnaniemi, W. M.:** Zur Kenntnis der Blattminierer. Soc. Fauna et Flora Fennica **37**, 1—137 (1913). — **112. Lintner, I. A.:** Notice of some anthomyians mining beet leaves. 1st Ann. Rept. on the injur. a. other insects of the State of New York **1882**, 203—211. — **113. Lundbeck, W.:** Diptera groenlandica. Vidensk. Meddelelser . . . for Aaret 1900, **2**, 281—316 (1901). — **114. Lundblad, O.:** Skadedjur i Sverige. Åren 1922—1926. Meddel. fr. Centralanst. f. försöksv. på jordbr. Nr. **317**, 1927. — **115. Lundblad, O.** u. **Tullgren, A.:** Skadedjur. i Sverige. Åren 1917—1921. Ebenda Entomol. Avd. Nr. **40**, 1923.

116. Maheux, G.: Observations in Québec 1925. 56th Ann. Rept. Entomol. Soc. Ontario **1926**, 28—50. — **117.** Rapport de l'entomologiste provincial. Rapp. Min. Agricult. Prov. Québec **1925/1926**. Referat in Rev. Appl. Entomol. (A) **15**, 380 (1927). — **118. Marshall, Th. A.:** Braconides. André, Species Hymenopterorum **5** (1894); desgleichen Nachtrag **3** (1897). — **119. Martin, C. H.:** Biological studies of two Hymenopterous parasites of aquatic insect eggs. Entomol. Amer. 8, 105—156 (1927). — **120. Meade, R. M.:** Annotated list of British Anthomyidae. Entomol. Monthly Mag. **20**, 9—14 (1883). — **121.** Supplement to annotated list of British Anthomyidae. Ebenda **23**, 179; **24**, 450 ff. (1887). — **122. Mège, E.:** Ennemies et maladies de la betterave observés en Maroco. Rev. Path. Vég. et Entomol. Agric. **10**, 339—341 (1923). — **123. Minnich, D. E.:** The chemical sensivity of the tarsi of certain muscid flies. Biol. Bull. Mar. Biol. Labor. Wood's Hole **51**, 166—178 (1926).

124. Nördlinger, H.: Die kleinen Feinde der Landwirtschaft. 559 S. Stuttgart u. Augsburg 1855; 2. A. 1869.

125. **Ormerod, E. A.:** Notes on observations of injurious insects. London u. Edinburgh 1881.

126. **Panzer, G. W. F.:** Faunae Insectorum Germanicae initia, oder Deutschlands Insecten. Nürnberg C. VIII. 13. 1809. — **127. Plantz, P.:** Die Rübenfliege als Spinatschädling. Gartenwelt **29**, 515—517 (1925).

128. **Rambousek, F.:** Rübenschädlinge und Rübenkrankheiten im Jahre 1921. Z. Zuckerind. Tschechoslov. Rep. **47** (4), 324—329 (1922/23). — **129.** Rübenschädiger und Krankheiten 1922. Ebenda **47** (4), 413 ff. (1922/23). — **130.** Über Rübenschädlinge im Jahre 1925. Ebenda **50** (7), 357 ff. (1926). — **131.** Die Rübenschädlinge im Jahre 1926. Ebenda **51** (8), 313—323, 325—335 (1927). — **132. Réaumur, R. A. F. de:** Mémoires pour servir à l'histoire des insectes, III. Paris 1737, 532 S. — **133. van Rees, J.:** Beiträge zur Kenntnis der inneren Metamorphose von *Musca vomitoria*. Zool. Jb., Abt. Anat. Ontog. **3**, 1—134 (1888). — **134. Reuter, E.:** In Finnland im Jahre 1903 aufgetretene schädliche Insekten. Z. Pflanzenkrkh. **15**, 151—152 (1905). — **135. Ritzema Bos., J.:** Bestrijding van de bietenvlieg (*Anthomyia conformis* Fall. = *Pegomyia hyoscyami* Pz.). Tijdschr. over Plantenz. **30**, 46—48 (1924). — **136. Robineau-Desvoidy, J. B.:** Essai sur les Myodaires. Acad. Roy. Sci. Inst. France Mém. **2**, 1—813 (1830). — **137. Roemer, Th.:** Handbuch des Rübenbaues. 366 S. Berlin 1927. — **138.** Der Rübenbau. Handbuch der Landwirtschaft **3**, 168—217. Berlin 1929. — **139. Rondani, C.:** Dipterologiae Italicae Prodromus **6**, 1—304 (1877). — **140. Roß, W. A. u. Caesar, L.:** Insects of the season. 55th Ann. Rept. Entomol. Soc. Ontario 1924, 84—88, **1925**, Referat in Rev. Appl. Entomol. (A) **13**, 585 (1925). — **141. Roubaud, E.:** Sommeil d'hiver cédant à l'hiver chez les larves et nymphes de muscides. C. r. Acad. Sci. Paris **174**, 964—966 (1922). — **142. Ruschka, F. u. Fulmek, L.:** Verzeichnis der an der k. k. Pflanzenschutzstation in Wien erzogenen parasitischen Hymenopteren. Z. angew. Entomol. **2**, 390—412 (1915).

143. Saatenstandsberichte, Preußische, herausgegeben vom Preußischen Statistischen Landesamt. — **144. Sacharow, N.:** Die im Gouvernement Astrachan 1912—1914 beobachteten schädlichen Insekten. Veröff. Entomol. Stat. Astrachan (russisch) **1915**. Referat in Rev. Appl. Entomol. (A) **3**, 222 (1915). — **145. Schander, R. u. Götze, G.:** Zur Bekämpfung der Rübenfliege (*Pegomyia hyoscyami*). Zuckerrübenbau **9**, 203—208 (1927). — **146.** Erfahrungen über das Auftreten und die Bekämpfung der Rübenfliege im Jahre 1928. Ebenda **1929**, 1—9. — **147. Schnabl, S. u. Dziedzicki, H.:** Die Anthomyiden. Abh. Ksl. Leopold-Carol. Dtsch. Akad. Naturforsch. **95**, 55—358 (1911). — **148. Schöyen, T. H.:** Beretn. om Skadeins. og plantesygd. i land- og havebruket 1914, Referat in Zbl. Bakter. II **46**, 521 (1916). — **149. Schulze, H.:** Über die Fruchtbarkeit der Schlupfwespe *Trichogramma evanescens* Westw. Z. Morph. u. Ökol. Tiere **6**, 553—585 (1926). — **150. Schwartz, M.:** In einem Dienstbericht an die Biol. Reichsanst. 1907. — **151.** Die Runkelfliege (*Anthomyia conformis*). Dtsch. landw. Presse **35**, 656—657 (1908). — **152. Séguy, E.:** Faune de France (Diptères Anthomyides). Paris 1923. — **153. Sirrine, F. A.:** The spinach-leaf maggot, or miner (*Pegomyia vicina* Lintn.) New York (Geneva) Agricult. Exper. Stat. Bull. **99**, 19—31 (1896). — **154. Smith, J. B. u. Dickerson, E. L.:** The spinach, or beet-leaf maggot (*Pegomyia vicina* Lintn.). Rept. Entomologist New Jersey Agricult. Exper. Stat. **32**, 444—453 (1912). — **155. Stein, P.:** Die mir bekannten europäischen *Pegomyia*-Arten. Wien. entomol. Ztg. **25**, 47—107 (1906). — **156.** Die Anthomyiiden Europas. Arch. Naturgesch. **1915**, 1—224. — **157. Stift, A.:** Über die im Jahre 1903 beobachteten Schädiger und Krankheiten der Zuckerrübe . . . Österr. Z. Zuckerind. **33**, 52—69 (1904). — **158. Stift, A. u. Gredinger, W.:** Der Zuckerrübenbau und die Fabrikation des Rübenzuckers. Wien u. Leipzig 1910. — **159. Stone, J. L.:** Sugar

Beet Investigations for 1898. Cornell Univ. Agricult. Exper. Stat. Bull. **166**, 417—466 (1899). — **160. Strobl, G.:** Die Anthomyiden Steiermarks. Verh. zool.-bot. Ges. Wien **43**, 213—276 (1893). — **161. Süffert, F.:** Zur Auffassung des Unterschiedes zwischen subitaner und latenter Entwicklung von Schmetterlingspuppen. Z. vergl. Physiol. **5**, 817—826 (1927). — **162. Suire, J.:** Sur quelques insectes de l'Hérault. Feuille Nat. **47**, 129—132 (1926).

163. Taschenberg, E.: Naturgeschichte der wirbellosen Tiere. Leipzig 1865. — **164. Thomson, C. G.:** Opuscula Entomologica. Lund 1895. — **165. Treichler, G.:** Spinat von der Runkelfliege befallen. Kleintierzucht u. Gartenbau **50**, 295 (**1925**). — **166. Tullgren, A. N.:** Om fluglarver på spenat. Entomol. Tidskr. **26**, 172—176 (1905). — **167.** Skadedjur i Sverige. År 1910. Meddel. No. **54** fr. Centralanst. f. jordbruksförsök Entomol. Avd. Nr. 10, 1911. — **168.** Skadedjur i Sverige År 1911. Ebenda No. **73**, Entomol. Avd. Nr. 13, 1913.

169. Uzel, H.: Die Runkelfliege (*Anthomyia conformis* Fall.), ein Schädiger der Zucker -und Futterrübe. Z. Zuckerind. Böhmen **30**, 120—128 (1905). — **170.** Bericht über Krankheiten und Feinde der Zuckerrübe. Ebenda **37** (1912). — **171.** Bericht über Krankheiten und Feinde der Zuckerrübe in Böhmen im Jahre 1914. Ebenda **40**, 461—468 (1915/16). — **172.** Die Runkelfliege. Blr. f. Zuckerrübenbau **28**, 166—167 (1921).

173. Veltheim, L. von: Bekämpfung der Rübenfliege. Pommernblatt **29**, 436 (1926). — **174. Voeltzkow, A.:** Entwicklung im Ei von *Musca vomitoria*. Arb. Zool. Inst. Würzburg **9** (1889).

175. Wadsworth, I. T.: On the life-history of *Aleochara bilineata* Gyll., a staphylinid parasite of *Chortophila brassicae* Bouché. J. Econom. Biol. **10**, 1—27 (1916). — **176. Walton, C. L.:** Some experiments for the control of mangold fly. Welsh Jb. Agricult. **4**, 347—350 (1928). Referat in Rev. Appl. Entomol. (A) **17**, 438 (1929). — **177. Warburton, C.:** Annual Report for 1918 of the Zoologist. J. Roy. Agricult. Soc. Engld. **79**, 258—263 (1918). — **178.** Annual Report for 1925 of the Zoologist. Ebenda **86**, 284—291 (1925). — **179. Wassiljew, E.:** Bericht Arbeit. der Entomol. Versuchsstat. der All-russ. Ges. f. Zuckerindustrie im Jahre 1913 (russisch). Referat in Rev. Appl. Entomol. (A) **2**, 467 (1914). — **180.** Die Bekämpfung von *Pegomyia hyoscyami* Pz. (russisch). Z. Zuckerind., Kiew (russisch) **1915**, 589—590. Referat in Rev. Appl. Entomol. (A) **3**, 608 (1914). — **181.** Über die Biologie von *Pegomyia hyoscyami* Pz. und die Frage ihrer Bekämpfung (russisch). Verh. 1. Allruss. Kongr. angew. Entomol. (russisch) **1915**. Referat in Rev. Appl. Entomol. (A) **3**, 232 (1915). — **182. Weismann, A.:** Die nachembryonale Entwicklung der Musciden nach Beobachtungen an *Musca vomitoria* und *Sarcophaga carnaria*. Z. Zool. **14**, 187—336 (1864). — **183. Whitehead, Ch.:** Report on insects and fungi injurious to crops (1892). **1893**, 1—60. — **184. Willcocks, F. C.:** A survey of the more important economic insects and mites of Egypt. Sult. Agricult. Soc. Techn. Sect. Bull. **1** (1922). Referat in Zbl. Bakter. II **66**, 262—269 (1926). — **185.** Witterungsbericht, Deutscher. Beilage zur statistischen Korrespondenz. — **186. Worthley, H. N.:** Reducing the cost of nicotine sulphate sprays. J. Econom. Entomol. **20**, 615—625 (1927). Referat in Rev. Appl. Entomol. (A) **16**, 83—84 (1928).

187. Zanon, V.: L'orticultura a Bengasi. Agric. colon. Florenz **13**, 154—176 (1919). Referat in Rev. Appl. Entomol. (A) **8**, 159 (1920). — **188.** Zuckerindustrie, Die Deutsche. Wochenberichte der Abt. der Rohzuckerfabriken über Aufgang, Wachstum und Stand der Rüben.

GPSR Compliance

The European Union's (EU) General Product Safety Regulation (GPSR) is a set of rules that requires consumer products to be safe and our obligations to ensure this.

If you have any concerns about our products, you can contact us on ProductSafety@springernature.com

In case Publisher is established outside the EU, the EU authorized representative is:

Springer Nature Customer Service Center GmbH
Europaplatz 3
69115 Heidelberg, Germany

Batch number: 10682323

Printed by Printforce, the Netherlands